見る 読む わかる 野鳥図鑑

字も絵も見やすい！

解説：安西英明
絵：箕輪義隆

日本野鳥の会
Wild Bird Society of Japan

はじめに

　野鳥を楽しむのに、特別な能力も準備も要りません。通勤や買い物、散歩の途中などの出会いも見過ごさないようにしていると、身近な鳥たちに気づき、わかるようになります。そうなれば珍しい鳥と出会っても、身近な鳥と比べることで見分けられるようになるでしょう。

　鳥の世界は、わかっていないことや不思議に満ちています。街中でさえ10〜30種ほどの野鳥がいるはずで、求愛、子育て、子別れ、渡りなど、季節ごとにさまざまなドラマが展開しています。

　本書1章では、各地でよく出会う野鳥を網羅するように努めました。野鳥をよく見るには、こちらが先に気づいて脅かさないようにしたいので、基礎知識や慣れが大切ですが、そのような基本的な事柄は2章以後にまとめてあります。なお1章では身近な鳥は下地に着色し、茶色で記した用語や記号は、索引で説明がある頁を示しました。また、イラストを省いた種名は灰色にしました。

　1934年に日本野鳥の会を創設した中西悟堂は、「野の鳥は野に」と、あるがままの野鳥に親しむことを提唱しました。それは、本来の命のあり方を知り、あるがままを損なわないためにも重要で、エネルギー消費が少なく、余計な二酸化炭素も出しません。スズメでもあるがままを知れば、その子育てが虫に支えられていることがわかり、虫を養う植物、植物を育む土や水、太陽…と命や星のつながりまで感じられるのではないでしょうか。人生を豊かにしてくれる野鳥たちの世界、その扉を開けてみましょう。

目次

1章:「あの鳥なーに?」
1−1 身近な鳥と比べてわかる鳥 ……………………………… 2
【1】スズメより小(メジロ、ミソサザイなど) ……………… 2
【2】ほぼスズメ大(ホオジロ、アトリ、キツツキ科など) ……… 2
【3】スズメより長い尾(セキレイ科、モズなど) ……………… 10
【4】ムクドリ大(ヒヨドリ、ツグミなど) ……………………… 12
【5】ハト大(キジ科、アオバズクなど) ………………………… 15
【6】ほぼカラス大(タカ科、カモメ科、カモ類、サギ科など) …… 17
1−2 草地や水辺の小鳥など
(ヨシキリ類、ノビタキ、カワガラス、イソヒヨドリ、カワセミ科など) ……… 24
1−3 チドリやシギ ………………………………………… 26
【1】チドリ 【2】シギ
1−4 その他水辺の鳥(ガン・ハクチョウ類、ワシ類など) ……… 30
1−5 山の夏鳥とさえずり(コマドリ、カッコウなど) ………… 32
1−6 北や南の鳥(ノゴマ、アカヒゲなど) …………………… 34
1−7 わからない鳥 ………………………………………… 35

2章:「見分けるためのポイント」
2−1 野鳥の見分け方 ……………………………………… 36
【1】大きさを比べる ……………………………………… 37
【2】形や姿勢など ………………………………………… 38
【3】歩き方・動作・飛び方 ………………………………… 41
【4】色や模様 ……………………………………………… 42
【5】鳴き声 ………………………………………………… 43
【6】季節・場所や習性で絞る ……………………………… 45
2−2 鳥の体と飛ぶ仕組み ………………………………… 46
2−3 おすすめとお願い …………………………………… 48

3章:「楽しみ方さまざま」
3−1 野鳥たちは何してる? ……………………………… 50
【1】お食事ウォッチング 【2】お手入れウォッチング
【3】お休みウォッチング 【4】子育てウォッチング
3−2 季節を楽しむ ………………………………………… 54
【1】春〜夏 【2】秋〜冬
3−3 鳥類の分類と種 ……………………………………… 57
3−4 QアンドA …………………………………………… 58

索引(種名・用語) ……………………………………… 60

1章 「あの鳥なーに？」

1－1 身近な鳥と比べてわかる鳥

【1】スズメより小

メジロ科

白い輪
短い

メジロ L12
春夏は広葉樹の高い茂みの中に多く、秋冬は木の実や花にも来る。声は43Pのほか、警戒時にキュリキュリ…。S44P。

【2】ほぼスズメ大

ウグイス科

淡い眉斑

ウグイス L14〜16
春夏は山地、秋冬は低地に多く、低い茂みがあれば庭にも。声43P。Sホーホケキョのほか、ケキョケキョ…を繰り返す。

他のスズメより小さな鳥

山や林には下の2種の他にもマヒワ、ヒガラ、32Pのウグイス科など小さい種が多いが、身近な鳥でスズメより小さいのはメジロだけ。

ウグイス科

黄色
白帯

キクイタダキ L10
春夏は高山、秋冬は低山に多い。S33P。

ミソサザイ科

よく尾を上げている

ミソサザイ L10
春夏は高山や渓流、秋冬は低山に多い。S33P。

ハタオリドリ科

成鳥より淡い
幼鳥
求愛やなわばり防衛（オス）
交尾（上がオス）

スズメ L14.5 W22.5
声はチュンのほかピ、ジなどさまざまで、春に始まる繰り返しや節回しがある鳴き方がさえずりらしい。交尾ではヒヨヒヨ…とやさしい声。ヒナはシリッ、シリッとかすれ声で、5〜8月に巣立ちが見られる。ヒナには虫を与え、巣立ちまでの2週間で4千回以上もの給餌が観察されている。

他のハタオリドリ科

淡い眉斑
メス
オス夏羽

ニュウナイスズメ L14
春夏は本州中部以北の山地、秋冬は中部以南の農地に多い。雄冬羽は色が鈍い。イエスズメは雄の額が灰色で、ヨーロッパなど海外に多い。

スズメに似た鳥

次頁のホオジロ科など一見茶色に見える小鳥は多いが、人家から離れた場所ではスズメでない可能性が高い。

ヒバリ科

スズメより細い
斑点
短い

ヒバリ (24P) L17
スズメよりやや大きく、声や歩き方（41P）も違う。

ホオジロ科

アオジ L16
春夏は中部以北の山地や北海道の林。秋冬は本州以南の低山・低地の低い茂み。声43P。S33P。

ホオジロ L16
S44P。声はスズメより弱い声でチチ、チ…などと続ける。秋冬は草地でよく種子を食べている。

他のホオジロ科

地鳴きはアオジのように「区切って鳴く種」が多く、例外は続けるホオジロとオオジュリン（24P）。尾の脇は白く（42P）、例外はクロジ。下の2種の他夏鳥でノジコ（アオジより胸の斑点が少ない）もいるが、少ない。

カシラダカ L15
冬鳥。林や草地。

ミヤマホオジロ L16
冬鳥。低山の林。

アトリ科

カワラヒワ L15
草地があれば山や町にも。雌は雄より緑味に乏しい。声・S43P。樹上にお椀型の小さな巣を作る。

シメ L18
春夏は青森県以北の明るい林、秋冬は本州以南。雌は次列風切に淡色部がある。声はツッチーなどスズメより鋭い。

他のアトリ科

マヒワ L12
冬鳥。主に低山。雌は黄色味に乏しい。

アトリ L16
冬鳥。主に林や農地。雄夏羽は頭が黒い。

イカル L23
林。声はキョッ、キョッ。S33P

ウソ L16
春夏は高山、秋冬は低山。声33P。

シジュウカラ科

シジュウカラ L15
Sツッピーまたはツピーなど2〜3音を繰り返す。巣は樹洞や巣箱などに苔を運び込む。幼鳥はしわがれ声でシシシ、シーシー。

ネクタイ模様（雄は雌より太い）
幼鳥

他のシジュウカラ科

羽毛が立つ

ヒガラ L11
山地〜高山の針葉樹に多い。声はチィー。S33P。

コガラ L12
山地の広葉樹林。声はジージー。Sヒホーを繰り返す。ハシブトガラは北海道の低地に多い。Sチヨ…と続ける。

ヤマガラ L14
よく茂った林。声はスィースィーやニーニー。S33P。

混群になる鳥
違った種が群れることを混群と呼び、シジュウカラ科を中心にした混群は「カラ類の混群」と呼ばれる。

エナガ科

エナガ L14
声はズルル、チーなど。北海道の亜種シマエナガは顔全部が白い。

ゴジュウカラ科

ゴジュウカラ L13
山地の木の幹。下向きで降りられる。Sフィフィフィ…と続ける。

ツグミ科

ジョウビタキ L14
冬鳥。10月から渡来し、雪の少ない地域で草地があれば町にも。声はピッ、ピッ、合間にクックとも鳴く。

ヒタキ科

黄色い眉斑

キビタキ L14
夏鳥。山地の高木と低木の間に多い。「飛んでいる虫を捉える」のは科に共通。S33P。声はピ、ピ、合間にクリリッ。

他のツグミ科

ルリビタキ L14
春夏は高山、秋冬は低山・低地。声はジョウビタキに似るが、茂った環境を好む。S33P。なお、ムクドリ大前後のツグミ科は14Pなどで、ヒタキ科より足が丈夫で、「よく地面に降りる」点が共通。

他のヒタキ科

黒い

オオルリ L16.5
夏鳥。S33P。渓流など、斜面がある山地の高く目立つところでさえずる。サメビタキ類は雌雄とも地味な灰色で、エゾビタキ（旅鳥）は胸から腹に斑点がある。

ほぼスズメ大

キツツキ科

ほぼスズメ大

コゲラ L15
声43P。キッ…と続けることも。「固い尾で体を支え」、「繁殖期にくちばしで木をつついて連続音を出し（ドラミング）」、「幹の中の虫を食べ」、「穴を掘ってねぐらや巣とする」のは科に共通。北海道のコアカゲラ（背はアカゲラに似る）とアリスイ（原野で繁殖し、冬は本州以南に移動）もスズメ大。

他のキツツキ科

アカゲラ L24
ムクドリ大で、本州以北の山地の林。声はキョッ、キョッ。オオアカゲラは胸から腹に黒い斑点。

オス　メス

クマゲラ L46
ほぼカラス大で、東北と北海道の大きな林。声はキョーン。ノグチゲラも黒っぽいがハト大で沖縄島のみ。

オス　メス

アオゲラ L29
本州～屋久島の低山・低地の林。声はアカゲラに似るが、繁殖期にはピョーとも鳴く。ヤマゲラは北海道のみで、腹に黒斑がない。

オス　メス

ツバメ科

ツバメ L17 W32
夏鳥。九州以北の賑やかなところで繁殖。S44P。声はチュピッ。科の多くは夏鳥だが、一部は暖地で越冬。リュウキュウツバメは奄美大島以南で、腹がツバメほど白くない。

他のツバメ科

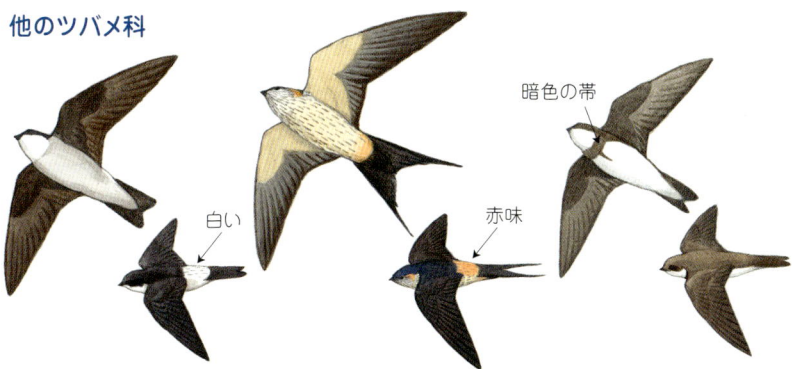

イワツバメ L13
夏鳥。低地より山地に多く、建造物に集団でどんぶり型の巣を作る。声はビリリッなどと濁る。

コシアカツバメ L18
夏鳥。関東以西に多く、巣はとっくり型。声はツバメより伸ばし、濁りが多い。

ショウドウツバメ L12
夏鳥(秋に本州以南を南下)。北海道の原野で、崖に穴を掘って営巣。

アマツバメ科

「飛びながら虫を食べ、水を飲み、浴びる」点はツバメ科も同じだが、さらに睡眠、交尾、巣材集めも飛びながら行う(スープの食材に巣が使われるのはこの仲間)。

アマツバメ L20 W43
夏鳥。山地や崖のある海岸で繁殖。声はピリリリッと鋭い。ハリオアマツバメはアマツバメより大きく、尾は短い。

ヒメアマツバメ L13 W28
中部以南の太平洋側に多く、秋冬も見られる。

【3】スズメより長い尾

セキレイ科

メス冬羽

オス夏羽

ハクセキレイ L21
「尾を振りながらウォーキング」は科に共通。都市部ではビルの隙間に営巣。雄も冬羽の背は灰色。雌夏羽は冬羽より濃く、幼鳥は雌冬羽より淡い。秋冬は単独でいるが、夜は集まって眠る。声は43P。Sチュイリーなど、のばす声を交える。

他のセキレイ科

メス冬羽

オス夏羽

セグロセキレイ L21
河原の中流、湖沼や水田など水辺に多い。声はジジなどと濁る。S澄んだ声も交えて複雑に鳴く。

キセキレイ L20
山地の河川や湖沼に多い。声はハクセキレイに似る。Sチチチチッ。ツメナガセキレイは足が黒く、数は少ない。

ビンズイより緑味がない

小さな白斑

タヒバリ L16
冬鳥。河川や水田。声は細くピピッ、チーなど。類似種は声や細部に違いがあるが、タヒバリ以外はまれ。

ビンズイ L16
春夏は山地・高山、秋冬は低山・低地の林の地上。声はズィー。S33P。

モズ科

黒い過眼線 / こげ茶 / オス / メス

他のモズ科

モズより白っぽい

スズメより長い尾

モズ L20
春夏は低山・山地、秋冬は低山・低地に多い。虫や小動物、時に小鳥も食べる。声はギチギチ…。秋は目立つところでチョン、キチキチ、キーイなど甲高く鳴く。

アカモズ L20
夏鳥。林の縁に多い。チゴモズ(夏鳥)は頭部が灰色。オオモズ(冬鳥)は上面が灰色で腰が白い。

他の長い尾の鳥

アトリ科

白帯

オス / メス

ベニマシコ L15
春夏は北海道の林の縁、秋冬は本州以南。声はピッまたはピッポ。

サンショウクイ科

サンショウクイ L20
夏鳥。低山・山地の林の上部を飛び回り、ピリピリピリと鳴く。

カササギヒタキ科

オス / メス

サンコウチョウ L雄45、雌17
夏鳥。本州以南の暗い林。声はギッ。S33P。

11

【4】ムクドリ大
ムクドリ科

❶ 採食行動の例

ムクドリ L24
農地・住宅地など開けた環境を好む。地中の虫も食べ、くちばしを地面に刺してから開く❶。雌は雄より黒味が鈍く、幼鳥はさらに淡い。巣は樹洞や建造物の穴に作る。群れることが多い。キュルキュル、リャーのほか、警戒時にジャーッまたはツィッ、ツィッとも鳴く。ハッカチョウは近縁の外来種で、飛ぶと翼の白斑が目立つ。

他のムクドリ科

コムクドリ L19
夏鳥。本州中部以北の明るい林。春・秋は各地でムクドリに混じることもある。

ムクドリに似た鳥
翼の先が尖って見える点でツバメ科❷やレンジャク科❸は似て見える。

レンジャク科

黄色（ヒレンジャクでは赤い）

キレンジャク L19.5
冬鳥。ヤドリギの実などに群れるが、渡来数や時期が年によって違う（春に多いこともある）。声はチリチリ…。

ヒヨドリ科

ヒヨドリ L27
全国各地で普通だが、日本周辺にしかいない。声はのばすことが多く(43P)、ピヨロイロピなど複雑に鳴くことも。シロガシラ(南西諸島以南)など、ヒヨドリ科はアジア南部やアフリカに多い。

カラス科
カラス科の黒い種は17Pにまとめた。

黒い
(幼鳥では白が混じる)

オナガ L36
本州中～北部。樹木が多いと住宅地にも。群れでゲーとかゲーィキュキュキュと鳴き交わし、春には可愛い声でキュリ…とも鳴く。

ムクドリ大の外来種
チメドリ科

白いふちどり

ガビチョウ L24
中国南部原産。低い茂みに多い。Sクロツグミ(33P)に似た大声。近縁でスズメ大のソウシチョウはくちばしが赤い。ホンセイインコ(インコ科)はハト大に近く、黄緑色で尾が長い。

他のカラス科
カケスは15P、ルリカケスは34P参照

カササギ L45
北九州のほか、各地で見られることも。声はカシャカシャ。

ツグミ科

ツグミ L24
冬鳥。10月から渡来するが、町では11月頃。秋は樹上で木の実を食べるが、地上で虫やミミズも食べるようになり、4〜5月に渡去。声はクックーなど、ヒヨドリより乾いた感じ。

他のツグミ科

飛ぶと白斑が見える

アカハラ L24
春夏は本州以北の山地や北海道の林、秋冬は本州以南で林の茂った地上に多い。声はシロハラに似る。S33P。マミチャジナイ（旅鳥）は色が淡く、アカコッコは濃い。

シロハラ L24
冬鳥。茂った林の地上に多い。チッと細く鋭く鳴くほか、ココ…と甲高く続ける。

クロツグミ L22
夏鳥。低山・山地の林。S33P。マミジロの雄は腹も黒く、眉斑が白い。

トラツグミ L30
ほぼハト大。山地の林（積雪地では秋冬に南や低地にも移動）。S夜にヒーと鳴く。

【5】ハト大
ハト科

襟の縞模様が目立たない

幼鳥はあまり白くない

幼鳥

求愛
胸を膨らませ、尾を広げ、首を上下する。

黒い（キジバトは白い）

キジバト L33
山や町にもいる。秋冬でも子育てし、ペアで見ることが多い。巣は樹上で小枝を組む。S43P。雄は羽ばたいてから滑空をしてなわばりを主張する。

ドバト（カワラバト） L33
飼い鳩が野生化したもの（日本鳥類目録では外来種カワラバト）で、色や模様はさまざま。群れる習性が強く、巣は建造物の隙間。雄の求愛は冬も見られる。

山野のハト大
ハト科では他に緑色のアオバト（山地）、黒いカラスバト（南の島）、淡色のシラコバト（埼玉県など関東の一部）。コジュケイ（16P）やチョウゲンボウ（18P）、カッコウ科（32P）もほぼハト大。

カラス科

タカ科

白い

メス

幼鳥

カケス L33
低山の林に多く、声はジェーとしわがれている。北海道の亜種ミヤマカケスは頭上と眼が白くない。

ツミ L27〜30
成鳥の背は灰色で、雄は眼が赤く、胸に赤味。ハイタカ（18P）は秋冬に多く、眉斑が白い。

キジ科

オス
ニワトリ同様けずめがある（メスにはない）

コジュケイ L27
中国南部原産の外来種で、九州〜本州の林の地上。Sチョットコイと大声を繰り返す（44P）ほか、ター、コロッコロッとも鳴く。ウズラはムクドリ大で草地。近縁のライチョウ科には、高山のライチョウ、北海道のエゾライチョウがいる。

他のキジ科

オス　オス（亜種コウライキジ）　メス

キジ L雄80・雌60
カラス大以上。林の縁・農地・河川敷などの茂った地上に多い。北海道や対馬には亜種コウライキジが放鳥されている。Sケッケーンと鋭い声。ヤマドリは山地の斜面がある深い森にいるが、少ない。

ハト大の夜の鳥

フクロウ科

黄色

ヨタカ科

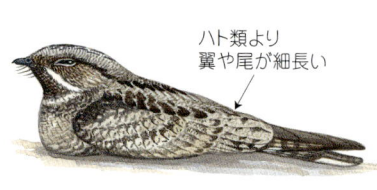

ハト類より翼や尾が細長い

アオバズク L27〜30.5
夏鳥。営巣できる樹洞があれば神社にも。Sホーホー。コミミズクは、草地の冬鳥。フクロウは眼が黒く、ほぼカラス大で声は44P。林ではヤマシギ、ミゾゴイも夜に鳴く。

ヨタカ L29
夏鳥。S林の上をキョキョ…と鳴きながら飛ぶ。ほかにも夜に鳴くのは湿地ではヒクイナ、タマシギ、草地ではオオジシギ（29P）などがいる。

【6】ほぼカラス大

カラス科

ハシボソガラスより出張って見える

幼鳥

相互羽づくろい　　　求愛求餌

ハシブトガラス L56 W105
アジアの森林に分布するが、日本では都市部にも多い。声は濁らないが、興奮時などに濁ることがある。巣立ち後しばらくは眼が淡く、口の中が赤い（ハシボソガラスも同じ）。ワタリガラスはより大きく、北海道で少ない冬鳥。

ハシボソガラス L50 W99
ユーラシア大陸に分布し、日本では九州以北。おじぎしながら鳴き、声は43P。クルミや貝を割るため、空中から落としたり車にひかせる。「相互羽づくろい」、「求愛給餌」、「雌だけが抱卵」、「喉に食物を貯める、食物を隠して蓄える（貯食）」などは科に共通。

他のカラス科

幼鳥

ホシガラス L34.5
四国以北の高山で、ガーガーガーと続けて鳴く。

ミヤマガラス L47
冬鳥。農地に群れる。成鳥は鼻孔を覆う黒い羽毛の部分が白くなる。コクマルガラスはハト大で、ミヤマガラスの群中にいることがある。

ほぼカラス大

タカ科

白斑

トビ L59〜69 W157〜162
屋久島以北。タカ科では色が濃く、ピーヒョロロと鳴く。「よく滑空や帆翔をする」「雄より雌が大きい」点は科に共通。死んだ動物も食べ、他の鳥が警戒しない点は例外。イヌワシはより大きく、色が濃い。クマタカはトビより翼が太く、縞模様が目立つ。

他のタカ科
水辺に多いタカ科は31P。

ハシブトガラスの大きさ

翼の長さはカラスほど
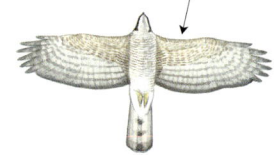

ハイタカ L32〜39 W61〜79
ハト大。雄は胸に赤味。

オオタカ L50〜56 W106〜131
幼鳥・若鳥は、褐色の斑が目立つ。

翼はオオタカより細い
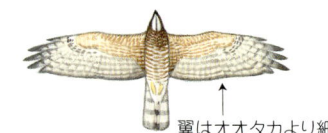
サシバ L47〜51 W100〜110
夏鳥。ピックイーと鳴く。

翼はカラスより長い
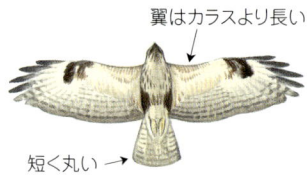
短く丸い

ノスリ L52〜57 W122〜157
滑空時の翼端はやや上がる。ホバリングをする。

首が細い
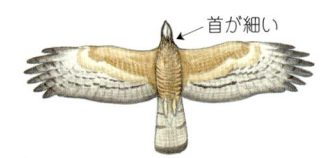
ハチクマ L57〜61 W121〜135
夏鳥。雄は尾の黒い帯が目立つ。

ハヤブサ科

尖る（科に共通）

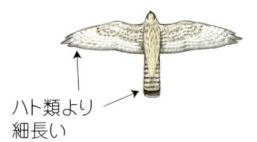
ハト類より細長い

ハヤブサ L41〜49 W97〜110
主に海岸の崖で繁殖。冬は都市のビルを拠点にドバトを狩るものもいる。チゴハヤブサは夏鳥で、翼が細長い。

チョウゲンボウ L33〜38 W69〜76
ハト大。河原など開けた環境に多い。よくホバリングする。コチョウゲンボウは冬鳥で尾がやや短い。

カモメ科

赤い / 赤い / 若鳥

ユリカモメ L41 W98
冬鳥。カモメ類では小さく、内陸の水辺にも多い。ギャーとしわがれ声（若鳥はミーと可愛い声）。夏羽は頭が黒い。他は、海岸近くに多く、下記ウミネコ、カモメが中型、カラス大以上が大型のカモメと呼ばれる。

ほぼカラス大

他のカモメ科　中〜大型カモメ類の冬羽は顔に暗色斑が生じる。

赤と黒 / 黒い帯 / 黒が目立つ

コアジサシ L25 W53
夏鳥。河川・湖沼・海岸で、水面に飛び込んで魚をとる。アジサシは少し大きな旅鳥。

ウミネコ L49 W127
中型・大形のカモメ類は、成鳥になるまで3年以上かかり、幼鳥や若鳥はどれも褐色で似ている。

カモメ L42 W115
冬鳥。足とくちばしはウミネコのように黄色いが、背が淡いので翼先の黒が目立つ。

赤い点

オオセグロカモメ L61 W141
冬鳥（北日本では繁殖も）。東日本に多い。背が濃く、翼先の黒は目立たない。セグロカモメとともに足はピンク色。

黒が目立つ

セグロカモメ L61 W143
冬鳥。西日本に多い。ワシカモメ（翼先が灰色）とシロカモメ（翼先が白）は北海道に多い。

カモ科

ほぼカラス大

カルガモ L61
潜らないカモ類では大きく、ほぼカラス大。春から草地に営巣して繁殖、「早成性のヒナ」は科に共通。雄が冬に派手にならないのは科の例外（他種の雄も夏は地味）。以後カモ類は冬の雄を示し、雌は飛翔図とした（翼の模様に違いがあるがよく似ているので、一緒にいる雄から種を推測しておくだけでもよい）。

黄色　三列風切の縁が白い

あまり潜らないカモ類
浅い淡水域に多く、深いところでは水面で逆立ちして主に植物質を食べる。

マガモ L59
冬鳥（北日本では繁殖）。アヒルはマガモを家禽化したので、マガモ同様の色彩から白いものまでさまざま。バリケンも家禽で、アヒル同様に野生化していることもある。

白線（雄も）

アヒル

バリケン

幅広い

オナガガモ L雄75・雌53
冬鳥。雄はプルッ、プルッなどと鳴く。

ハシビロガモ L50
冬鳥。

黄色の三角斑

ヒドリガモ L49
冬鳥。雄はピューと鳴く。

コガモ L38
冬鳥。雄はピリッ、ピリッと鳴く。

白い(雄も)

長い三列風切

黒い

オカヨシガモ L50
冬鳥。

ヨシガモ L48
冬鳥。

ほぼカラス大

地味な姿の夏でもくちばしの色は変わらない(他種も同じ)

オシドリ L45
春に山地の樹洞で営巣。秋冬は池にも来るが、昼は茂みや樹上を好む。

よく潜るカモ類

水面で尾を下げていることが多く、飛び立ちには滑走が必要。潜って動物質も食べる。アイサの名がつく種は科の例外でくちばしが鋭く魚食。海に多い種は30P。

キンクロハジロ L44
冬鳥。

ホシハジロ L46
冬鳥。

ミコアイサ L42
冬鳥。

カワアイサ L65
冬鳥。

21

カモ類に似た鳥

カモ科はガン・ハクチョウ類も含めてくちばしが平たいので、くちばしが尖っていたらカモ科ではない（アイサ類は例外）。

ほぼカラス大

カイツブリ科

冬羽

カイツブリ L26
ムクドリ大で、淡水面の鳥では最小。よく潜り、魚や水性昆虫などを食べる。キリリ…とけたたましい声で鳴き交わし、水上に浮いたような巣を作る。カンムリカイツブリなど、より大きな冬鳥もいる。

クイナ科

白い
幼鳥

幼鳥

オオバン L39
秋冬は淡水面に群れる。歩いていると、泳ぐのに適した平たい足指が見える。

バン L32
水辺の茂みを歩いていることが多い。泳いでも、オオバンほど開けた水面は好まない。

ウ科

カモ類より尾が長くみえる
繁殖期

カワウ L82
湾内や淡水に多い。繁殖期、首などに白い羽毛が混じる。幼鳥は褐色で腹が白いものもいる。群れて飛ぶ際に列を成すのはガン・ハクチョウ類など大型の鳥に共通。ウミウは磯がある外海で、より小さいのはヒメウ。

サギ科

夏羽

コサギ L61
各地の水辺。幼鳥や冬羽は後頭部・背・胸の長い羽がない。他の白いサギ類と違い足指が黄色で、くちばしは秋冬も黒い。春に目先や足指の色がピンク色に変化する（婚姻色）。

他のサギ科

夏羽　　冬羽

アマサギ L50
夏鳥。コサギより小さく、くちばしが黄色。

ほぼカラス大

チュウサギ L68
夏鳥。水田に多く、コサギより大きいが、くちばしは短い。

夏羽　冬羽

ダイサギ L80～104
チュウサギより大きく、首が細長い。

夏羽　冬羽

アオサギ L95
ダイサギほどの大きさで、背は灰色。岩がある海岸には黒いクロサギもいる。コウノトリ・ツル・トキの各科は首を伸ばして飛ぶ。

幼鳥

ゴイサギ L58
地上でも首を縮めていることが多い。主に夜活動し、声はクワッ。ササゴイ（くちばしが長く、キューッと鳴く）やヨシゴイ（ヨシ原で、ハト大）は夏鳥。

1-2 草地や水辺の小鳥など

ウグイス科

赤味（コヨシキリは黄色い）

セッカ L12
本州以南の草地。S飛びながらヒッ、ヒッ…と続け、下降時にチャッ、チャッと鳴く。

オオヨシキリ L18.5
夏鳥。ヨシ原。Sギョシギョシケケチケケチなど賑やかに続ける。北海道に多いコヨシキリやセンニュウ類もよく似ているが、さえずりや環境が違う。

ヒバリ科

羽毛が立つ

ヒバリ L17
草丈の低い地上。声はピルルッ。S飛びながら、複雑な早口を長く続ける。

ツグミ科

オス夏羽　冬羽

ノビタキ L13
夏鳥。高原や北海道の原野（春・秋は各地の農地や河原でも）。雌は冬羽に似る。声はヒ、ジャッなど。

ホオジロ科

メス／冬羽

オス夏羽

オオジュリン L16
春夏は北海道の原野、秋冬は本州以南のヨシ原。声はチーィンとのばす。Sチッ、チュリンなどと短い。

ホオアカ L16
春夏は高原や北海道の草地、秋冬は本州以南の湿地。雌と冬羽はやや色が鈍い。Sホオジロに似る。

カワガラス科

ムクドリの大きさ

カワガラス L22
川の上流で水際を歩き、潜り、低く飛ぶ。声はビッ、ビッ。S澄んだ声も交えて複雑に鳴く。

ツグミ科

イソヒヨドリ L25
海岸の岩礁や建造物（都市部にいることも）。Sヒヨドリより複雑な節回しがある美声。

オス　　　メス

カワセミ科

カワセミ L17
水辺の枝や杭から飛び込んで魚を捕らえる。ホバリングもする。声はチーと細い。雌は下くちばしが赤い。

オス

アカショウビン L27
夏鳥。山地の暗い林。Sヒョロロ…と尻下がり。

ヤマセミ L38
カワセミより上流の大きな河川に多い。声はケッケッなど。雌は首の茶色味がない。

オス

草地や水辺の小鳥など

1-3 チドリやシギ

干潟や水田でよく見られ、北極から南半球まで渡る旅鳥が多い（南西諸島などでは、一部越冬）。南下の時期（8〜10月）は地味な幼鳥や冬羽（幼鳥より淡くなる）が多く、種まで絞るのは難しい。体型や動作から、まず「シギ、チドリ」の仲間をわかるようにするため、よく見られる種から紹介する。

仲間の見分け方
チドリ科は、立ち止まっては歩くことを繰り返す。頭かきは間接法。シギ科は、歩きながら長いくちばしで地表をつついて採食することが多い。頭かきは直接法。

コチドリ L16
夏鳥（南部では越冬）。ほぼスズメ大。海岸や河川、水田など。声はピォとかピッピッ…。幼鳥や冬羽は模様が淡い。少し大きなイカルチドリはより上流に多く、秋冬も見られる。

イソシギ L20
ムクドリより小さい。海岸、河川や湖沼、水田などでほぼ1年中見られ（45P）、よく腰を振る。声はチーリーリーと細く、のばす。クサシギ（冬鳥）はムクドリ大で、翼に白線がない。

【1】チドリ科

スズメの大きさ
黒帯が正面でつながらない
ムクドリの大きさ
オス夏羽

シロチドリ L17.5
海岸や河口。本州以南ではほぼ1年中。声はピルルのほかケレケレ、ポイなど。雌や冬羽は顔の模様が淡い。メダイチドリ（旅鳥）は夏羽の胸がオレンジ色。

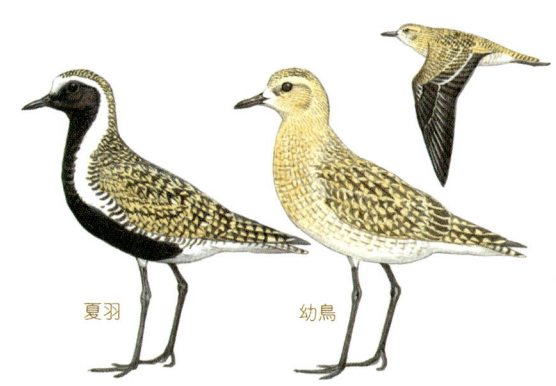

夏羽　　幼鳥

ムナグロ L24
旅鳥。農地や河川に多い。声はキョピなど。干潟に多いダイゼンはピューイとのばして鳴き、背は灰色。

ケリ L36
主に関東以西の水田で繁殖。秋冬は暖地にも移動。声はキッ、キリッなど鋭い。

タゲリ L32
冬鳥。水田。声はミーとネコのよう。チドリ科の小型種は足指が前3本のみだが、ハト大では後指がある。

【2】シギ科

近縁のタマシギ科、ヒレアシシギ科、セイタカシギ科、ミヤコドリ科は種が多くない。

スズメ大〜ムクドリ大

トウネン L15
旅鳥。干潟・水田・河川など。チュリッとスズメに似た小声。ヒバリシギやオジロトウネンは足が黄色っぽい。

ハマシギ L21
旅鳥（一部は越冬）。干潟・河川など。声はビリーッとやや濁る。ウズラシギ（頭や背に茶色味）やタカブシギ（背に小さな白点が多い）は、淡水の湿地を好む。

キョウジョシギ L22
旅鳥。干潟・海岸・水田など。幼鳥や冬羽は赤味に欠ける。声はキョキョ、ゲレゲレなど。

キアシシギ L25.5
旅鳥。干潟や海岸・河川など。声はピューイピュイなど。夏羽は首や脇腹の小斑が目立ち、幼鳥や冬羽では目立たない。ソリハシシギはくちばしが上に反る。オバシギは足が暗色で、コオバシギは足が黄緑。

まっすぐで長い（頭2個分ほど）

次列風切の先が白い

ムクドリの大きさ

タシギ L26
冬鳥。水田などの湿地。声はジェッ。オオジシギ（夏鳥）は本州の高原や北海道の草地。

ハト大以上

白が背まで食い込む

やや上に反る

アオアシシギ L33
旅鳥。干潟・水田・河川など。声はピョーピョーピョーとキアシシギより抑揚がない。足は緑味のある灰色。夏羽は首や胸の小斑が増える。ツルシギは足が赤く、淡水を好む。

やや上に反る

幼鳥

オオソリハシシギ L41
旅鳥。干潟や海に近い湿地。夏羽では顔から胸に赤味。オグロシギは飛ぶと翼と腰に白帯。

下に反る

チュウシャクシギ L42
旅鳥。干潟・水田など。声はポイピピピピと続ける。ダイシャクシギとホウロクシギはカラス大。

シギ科

1-4 その他水辺の鳥

【1】海上のカモ類（カモ科）

スズガモ L45
冬鳥。湾や港に多い。北海道ではコオリガモ、岩礁のある海にはシノリガモが多い。

ホオジロガモ L45
冬鳥。北日本に多く、河口や湖沼にもいる。

← ボサボサ

クロガモ L48
冬鳥。遠浅の海岸に多い。ビロードキンクロは翼に白斑。

ウミアイサ L55
冬鳥。習性はカワアイサ（21P）に似る。

【2】ガン・ハクチョウ類（カモ科）

黄色が黒色部に
鋭角的に食い込む

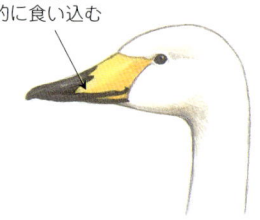

オオハクチョウ L147
冬鳥。本州中部以北に多い。幼鳥は灰色で、春先に白味が増す。コブハクチョウは額に黒いこぶがあり、飼い鳥が野生化している。

コハクチョウ L132
冬鳥（北海道では主に旅鳥）。オオハクチョウより西日本に多い。声はオオハクチョウより低い。

白い（幼鳥は白くない）

カルガモの大きさ

マガン L72
冬鳥。水田が広がる地域の沼に多い。声はカカンと甲高い。

ヒシクイ L78〜100
冬鳥。声はガガンと低くしわがれている。マガンとともに天然記念物。ガチョウは近縁のサカツラガンやハイイロガンを家禽化したもの。

【3】タカ科など

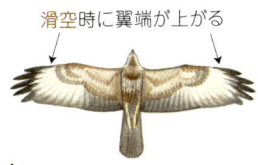

滑空時に翼端が上がる

チュウヒ
L48〜58 W113〜137
ヨシ原などの湿地の低空を飛ぶ。ハイイロチュウヒ（腰がくっきりと白い）など類似種もいる。

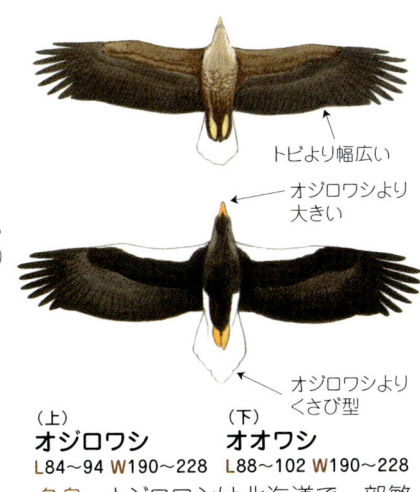

トビより幅広い

オジロワシより大きい

オジロワシよりくさび型

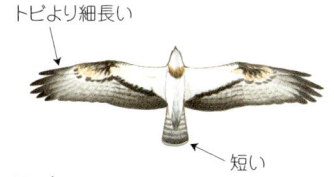

トビより細長い

短い

ミサゴ
L58〜68 W157〜174
河川・湖沼・海でホバリングの後、急降下して魚を捕る。

（上）**オジロワシ** （下）**オオワシ**
L84〜94 W190〜228　L88〜102 W190〜228
冬鳥。オジロワシは北海道で一部繁殖し、オオワシは北日本の海岸に多い。2種とも成鳥になるまで数年かかり、若鳥は似るが、くちばしや尾の形が違う。

【4】沖の鳥

カモメ類は、ミツユビカモメ以外は沖には少ない。外洋には、より細長い翼で海面近くを滑るように飛ぶミズナギドリ科（ハト〜カラス大）が多く、アホウドリ科（カラス大以上）やウミツバメ科（ハト大以下）もいる。

1-5 山の夏鳥とさえずり

ウグイス科 下の2種の他にも右頁にさえずりを記したムシクイ類が渡来。

ヤブサメ L10.5
斜面がある林の下部。S虫のような声でシシシ…と次第に強くなる。

センダイムシクイ L12.5
低山・山地の林の上部。S33P・44P。イイジマムシクイは34P。

ツグミ科

コマドリ L14
谷沿いの林の下部。伊豆諸島や大隅諸島の亜種タネコマドリは留鳥。Sヒンカラカラカラとよく響く。

コルリ L14
本州以北の暗い林の下部。Sチーチュルチュルなどコマドリに似た節回しだが、チ、チ…と前奏がある。

カッコウ科
ジュウイチ以外はよく似ているが、ホトトギスは少し小さい（Sホットトギスと夜もけたたましく鳴く）。ツツドリ（S筒を叩くようにポポ、ポポ）も含めた4種は他種に卵を預ける習性があり、雌の声はどれもピピ…と甲高い。

カッコウ L35
低地でも、林縁や草地に渡来。Sカッコウ。

ジュウイチ L32
S険しい声でジウイッチイと、夜も鳴く。

＜低山から山地（本州中部で標高1500m以下）で聞かれるさえずり＞

声の質はスズメのチュンより細く、チ、ツなどと聞こえる声を「細」、ヒヨドリのように口笛で真似できそうな声は「笛」、低い声は「低」とした。

質	鳴き方	種名	環境の目安
細	シジュウカラより高い声で早い繰り返し	ヒガラ	山地〜高山の針葉樹
	シジュウカラより低い声で遅い繰り返し	ヤマガラ	低地ではよく茂った林
	チヨチヨピーと最後に濁ってのばす	センダイムシクイ	木の高い茂みの中
	ホオジロよりゆっくり（約3秒）	アオジ	春先や北海道では低地でも
	ホオジロより細い声で長く続ける（数秒間）	ミソサザイ	山地の渓流や高山
笛	キコキコキーなどはっきりした節で尻上がり	イカル	木の高い枝
	ピヨロピ、ホイホイホイ	サンコウチョウ	暗い林の中
	ピリーリージジなど伸びやかで尻下がり	オオルリ	斜面の木の梢
	オオルリより弾む感じで繰り返しがある	キビタキ	木の中間の高さの枝
	キビタキより強く太い声でキヨコキヨコなどの繰り返し	クロツグミ	アカハラより低い標高
	クロツグミより震える声でキャランキャランチー	アカハラ	山地〜高山（春先は低地でも）
	アカハラより短くキョロンチー	マミジロ	本州以北の山地の林
低	尺八に似た声でゆっくり	アオバト	深い林

＜高山（本州中部で1500メートル以上）のさえずり＞

質	鳴き方	種名	環境の目安
細	ヒッツキーを繰り返す	エゾムシクイ	木の高い茂みの中
	やや濁ったチョリチョリを繰り返す	メボソムシクイ	針葉樹の茂み
	か細い早口で早くなって尻下がり	キクイタダキ	針葉樹林の上部
	複雑な早口でミソサザイに似る	ビンズイ	梢などの目立つところ（飛びながらも）
	ミソサザイに似るが短い	カヤクグリ	森林限界付近の低木の上（地鳴きはチリリン）
笛	フィー（ヒヨドリより弱い）	ウソ	地鳴きとさえずりは区別しにくい
	ヒョロヒョロヒョロリと早口で尻下り	ルリビタキ	針葉樹林の中間から下部

山の夏鳥とさえずり

1-6 北や南の鳥

北海道や南の島は身近な鳥でも分布や季節に違いがあり、そこでしか見られない種や亜種も多い。代表的な種と、本州～九州との違いの例を紹介する。

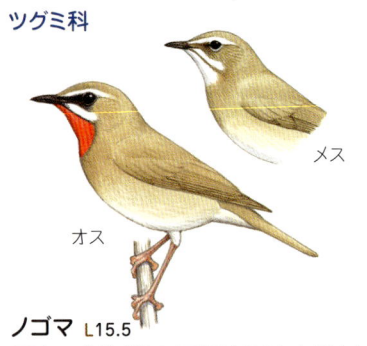

ツグミ科

ノゴマ L15.5
夏鳥。北海道の原野（秋は本州以南を南下）。S複雑な早口で、夜も鳴く。

アカヒゲ L14
南西諸島の暗い林の下部。Sヒーヒラヒラヒラなどコマドリよりゆるやか。

【1】北海道

北海道のみ	タンチョウ、シマフクロウ、エゾライチョウ、ヤマゲラ、ハシブトガラ
本州以南との違い	
本州では留鳥だが北海道では夏鳥	カイツブリ、コサギ、バン、イソシギ、カワセミ、キジバト、ヒバリ、キセキレイ、モズ、ウグイス、メジロ、ムクドリ（一部越冬）
本州では冬鳥だが北海道では夏鳥	アリスイ、オオジュリン、ベニマシコ、シメ（一部越冬）
低地でも繁殖	オオジシギ、ビンズイ、ノビタキ、アカハラ、コヨシキリ、アオジ

【2】南の島

伊豆諸島とトカラ列島のみ	アカコッコ、イイジマムシクイ
南西諸島のみ	ヤンバルクイナ（沖縄島）、カンムリワシ（八重山諸島以南）、ルリカケス（奄美諸島）
南西諸島と本州の違い	
南西諸島では稀	ヒバリ、セグロセキレイ、ホオジロ、カワラヒワ、ハシボソガラス
本州では留鳥だが南西諸島では冬鳥	カワウ、コサギ、ウミネコ、イソシギ、キセキレイ、ムクドリ
本州では夏鳥だが南西諸島では冬鳥	サシバ、コチドリ、アマサギ、チュウサギ、ササゴイ
本州では夏鳥だが南西諸島では旅鳥	カッコウ、ヨタカ、ツバメ、オオルリ
本州と亜種が違う	キジバト、サンショウクイ、ヒヨドリ、キビタキ、メジロ

1-7 わからない鳥

●あなたが出会う野鳥の多くは1章の中のどれかのはずですが、野外では同じ鳥でも**距離**や**角度**、**行動**や**印象**によっては違って見える（37P）ことに注意しましょう（図鑑は、近くで横から見た鳥を中心に示すのが普通）。

●中には専門家でも種を決められないような鳥もいます。わからないのは後回しにして、わかりやすい種から、わかるようにしましょう。

●慣れるまではすぐにわかる鳥は少ないはずですが、次第にわかる種が増えてきます。時間をかけてわかった時ほど嬉しいものですが、難しい鳥や似た種が多いものは「仲間」までわかればよいし、楽しむには自分で名付けたってかまいません。時間をかけても調べたい場合は、2章とともに次のチェックポイントも参考にして下さい。

●季節や場所のチェック

- □ 4～9月：夏鳥、夏羽の季節（早いのは3月頃から）
- □ 9～3月：冬鳥、冬羽の季節（5月まで残る冬鳥、9月前に冬羽になる鳥もいる）
- □ 5～9月：幼鳥（成鳥より淡い、背や腹に斑点があるなど）が見られる
- □ 4～5月／9～10月：北上や南下の季節で、普段いない種がいることも

- □ 林　：標高は？　明るい林か暗い林か？　大きな木はあるか？
- □ 樹　上：頂か高いところか低いところか？　幹か枝先か茂みの中か？
- □ 草　地：草は多いか少ないか？　草丈は高いか低いか？　木もあるか？
- □ 地　上：林か草地か裸地か水辺か？
- □ 淡水域：上流か下流か？　浅いか深いか？
- □ 海水域：干潟か砂浜か岩場か？　岸から近いか遠いか？

●外見の特徴のチェック

1.大きさ
　　□スズメくらい　□ムクドリくらい　□ハトくらい　□カラスくらい　□ほか

2.形や姿勢
　スズメと比べてくちばしは　　□細い　□太い　□その他
　スズメと比べて尾は　　　　　□長い　□短い　□その他

3.動作など
　尾を振るなど特徴的な動作は？
　歩き方は　□ホッピング　□ウォーキング
　飛び方は　□直線的　□波状　□滑空や帆翔、ホバリングをする　□ほか

4.目立つ色や模様
　どこが何色か？　飛ぶと目立つ模様は？

5.声
　スズメと比べて声の質は　□細い　□笛のよう　□濁る　□低い
　鳴き方は　□のばす　□続ける　□複雑（前奏や繰り返し、抑揚はあるか？）

2章「見分けるためのポイント」

2−1 野鳥の見分け方

●鳥はわかりやすい

　鳥類は**恒温動物**で**学習能力**があり、**子育てをする点**で私たちほ乳類と共通しています。視覚中心で昼行性が多い点では、嗅覚中心で夜行性が多いほ乳類よりわかりやすいとも言えます。

●「慣れる、比べる」

　習性を知ればよく観察できるようにもなりますが、習性は仲間や種で違うし、「どこに注目すればよいか」も種や状況で違います。身近な鳥から慣れることで、**大きさ**、**形や姿勢**、**動作**、**声**などの種を見分けるポイントを比べられるようになります。

●「絞り込む」

　多くの生物種が共存している背景には、住みかや食物の違いがあります。昆虫や植物ほど種の数が多くない野鳥は、**場所（地域や環境）**や**季節**によって、そこにいるはずの種をかなり絞り込むことができます。一種に絞れなくても、環境や体型などから「**何の仲間か？**」まではわかる鳥が少なくありません。

●わからない時

　出会いは一瞬のこともあるし、よく似た種がいる場合は、さまざまなポイントを総合的に検討しないと種を決められません。1章に載っていないようなら、比較的珍しい種や外来種かも知れませんが、同じ種でもタイプ・亜種・雌雄・成長や換羽の段階による違い、個体差や突然変異による色変わり、近縁種の交雑もありえるので、種を決めるより、よく観察することの方が大切です。

【1】大きさを比べる

スズメ　ムクドリ　ハト（キジバト）　カラス（ハシブトガラス）

●野鳥は許可なく捕らえることができません。よく見られる鳥の大きさをイメージして比べるようにしましょう。小型の種が多いので（鳥類約1万種の半数以上がスズメ目に分類される）、**スズメサイズ**が最も重要な基準になります。

❶　❷　正面　近いムクドリ　遠いカラス類❸

●同じスズメでも、羽毛を膨らませた時❶や翼を広げた時は大きく見えます。警戒や緊張によって細く見えることもあり❷、大きな鳥も遠くでは小さく見えます❸。このような見え方の違いを、身近な鳥たちで見慣れておくようにしましょう。

＜全長と翼開長＞
　2章では、大きさの目安として全長❹（L＝くちばしから尾の先までの長さ）や翼開長❺（W＝翼を開いた両端までの長さまで）をcm単位で示しました。実際は個体差もあるので、平均的と思われる数値を選んでいます。

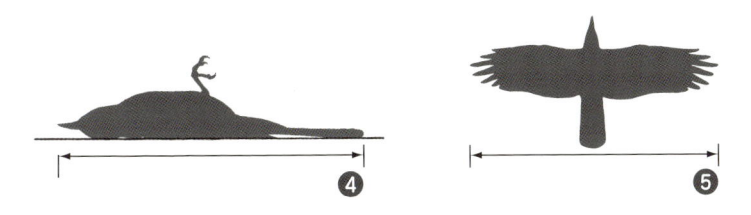

❹　❺

【2】形や姿勢など

野外では、光の具合（逆光など）、場所（茂みの中など）によって色や模様がよく見えないことも多いはず。でも、体型や環境から仲間がわかりやすい鳥もいます。

| 潜らないカモ類 | 潜るカモ類（お尻が沈んで見える） | カモメ類（翼が長い） |

ここでは、身近な鳥から形や姿勢を比べてみましょう。状況によっては違って見えるので、よくいる季節や場所、習性（45P）、動作（41P）、声（43P）についても補足します。

姿勢や形など

●スズメより小

メジロ （スズメより短い尾）

・姿勢はスズメより横向き
・声はスズメより高く、のばす

●スズメ大前後

スズメ：太い
ウグイス：細い
カワラヒワ：太い／先が凹んでいる尾

スズメ
・人家の周りにしかいない
・歩き方はホッピング

ウグイス
・秋冬は低い藪の中
・横向き
・声（地鳴き）はスズメより低い

カワラヒワ
・スズメより縦向き
・声はスズメより軽い感じ

姿勢や形など

細くない

アオジ
・秋冬は低い藪の中
・声は細く、区切る

細くない

ホオジロ
・農地・河原・林の縁
・スズメより胴が長め
・声は細く、続ける

スズメより長い

シジュウカラ
・枝先
・動きはスズメより活発
・声は細く、弾む（時に濁った連続音）

ジョウビタキ
・秋冬のみ
・縦向き
・尾を振るわせる
・1羽でいる

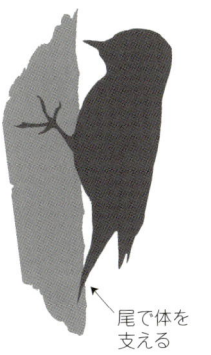

コゲラ
・木の幹
・声は濁ってのばす
・波状飛行

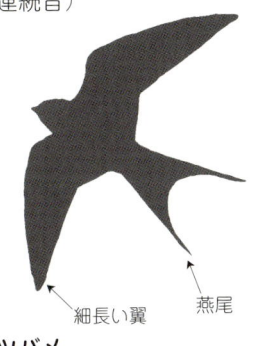

尾で体を支える

ツバメ
・春夏のみ
・飛んでいることが多い

細長い翼　燕尾

● **スズメより長い尾**

ハクセキレイ
・開けた地面
・ウォーキング、波状飛行
・横向き
・声はスズメより強く、続ける
・昼は1羽でいる

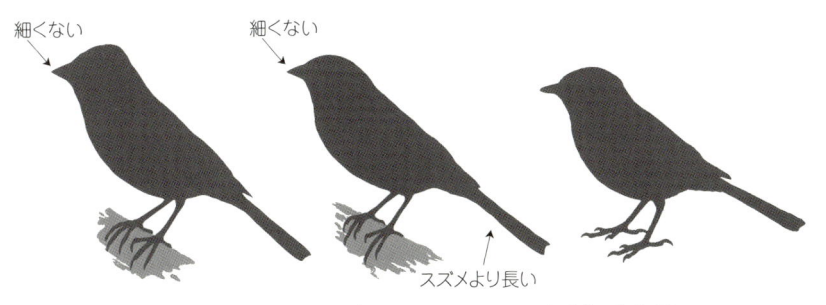

タカに似たくちばし

尾を振る

モズ
・農地・河原・林の縁
・縦向き
・1羽でいる

● **スズメ大以上 ムクドリ大以下**

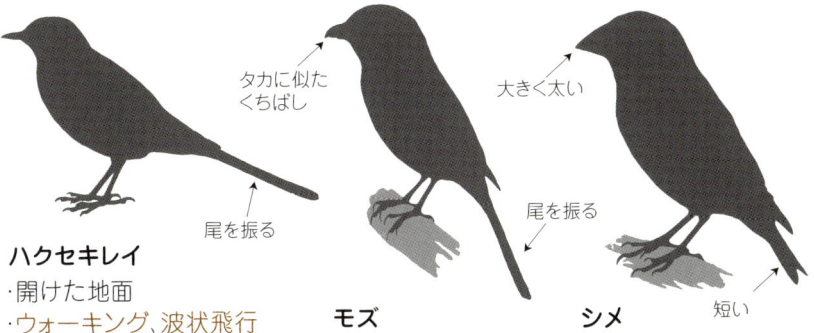

大きく太い

尾を振る

シメ
・秋冬は本州以南
・波状飛行

短い

39

●ムクドリ大

細い / 先は尖る / 短い尾 / 先は尖らない / 長い尾

ムクドリ
・横向きでウォーキング
・直線的飛行

ヒヨドリ
・縦向き
・波状飛行

ツグミ
・秋冬のみ
・ムクドリより胴や尾が長い
・地上では胸を張りチドリ科に似た動き方（26P）

●ハト大

頭が小さい / 先は尖って見える

ドバト
・駅や公園で群れ、人に寄ってくる。滑空では翼の両端が上がる（42P）

キジバト
・あまり群れず、滑空では翼が水平

●カラス大前後

太く長い / カラスより長い翼 / 角張った尾

カラス類
・都市と山に多いのは**ハシブトガラス**で、声が濁らない
・**ハシボソガラス**はやや小さく、声が濁る

トビ
・ハシブトガラスより大きい
・よく滑空や帆翔をする

細長い翼 / 長い首 / 短い尾 / 長い首は縮めて飛ぶ / 長い足

カモメ類
・カラスより小さいのはユリカモメ

カモ類
・カラスより大きいのはガン・ハクチョウ類

サギ類

姿勢や形など

【3】歩き方・動作・飛び方

●スズメ目の歩き方はホッピング❶(両足を揃えて跳ねる)が原則。ムクドリやハシボソガラス、セキレイ科やヒバリ科は例外でウォーキング❷(左右の足を交互に出す)。ハシブトガラスでは両方、ツグミなどではスキップのような歩き方も見られます。

●セキレイ科やイソシギは**腰と尾を上下に**❸、モズ科は尾を回すように振ります❹。ジョウビタキは上体を上下してから尾を振るわせ❺、ハシボソガラスはお辞儀をしながら鳴きます❻。また、カモ類は「**潜るか、潜らないか**」で仲間を絞ることができます(20P、21P)。

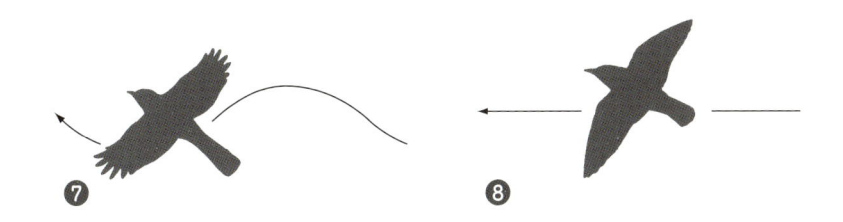

●ヒヨドリやセキレイ科などはスズメより大きな波を描くように飛ぶ波状飛行❼で、ムクドリやハト類は直線的に飛びます❽。飛翔時は**翼の先がカラス類のように開くか、ハト類のように尖って見えるか**、さらにムクドリのように幅が広いか、ツバメのように細長いかにも注目しましょう。

●タカ科・ハヤブサ科はカラス類より浅く早くはばたくことが多く、よく滑空（羽ばたかない飛び方）や帆翔❾（気流にのって滑空する）をします。その際、ドバトのように両端が上がる❿種がいます。ホバリング⓫（空中の1点にとどまる飛び方）をする種もいます。

❾
❿ キジバトは水平
⓫

【4】色や模様

白い眉斑（眉のような模様）
白斑
黒い過眼線（目を通る模様）
胸に細かい斑点
黒い斑

スズメ　ハクセキレイ　ツグミ　ジョウビタキ

●まず**目立つ色や模様がどこにあるか**をチェックしましょう。翼や尾を広げると目立つ模様もあります（飛び立つ時、飛行中、のびをする時が確認するチャンス）。

黄色い帯
白い
白い（科に共通）

カワラヒワ　ムクドリ　ホオジロ

　1章では、色や模様が雌雄で大きく異なる場合は図示し、季節で違う場合も春夏の夏羽、秋冬の冬羽を記しました（カモ類、カワウは例外）。また、成長段階で違う場合は幼鳥・若鳥を記しました。

【5】鳴き声

　姿が見えない時やよく似た種がいる場合は、季節や場所と声が最重要ポイント。声は**質と鳴き方を比べます**。スズメのチュンを比較の基準にして、各地でよく聞かれる声を示します。

●細く高い声
・チーとのばしたり、ツッピーなどと弾む感じ　→**シジュウカラ**（繰り返すのはさえずり）
・チィとややのばす　→**メジロ**
・小さな声でチッまたはツッと一声ずつ区切る　→**アオジ**

●強い声
・ジャッ、ジャッと濁って区切る　→**ウグイス**
・チチン、チチンなどと続ける　→**ハクセキレイ**

●高く軽い感じの声
・キリキリ、キリリリなどと続ける　→**カワラヒワ**

●口笛で真似ができそうな声
・ヒヨとかピーヨ
→**ヒヨドリ**（ヒィーヨ、キーヨと甲高く鳴くこともある）

●ヒヨドリより細い声
・ピッ、ピッと区切って鳴く　→**ジョウビタキ**

●カー、アッアッなど大きく太い声　→**ハシブトガラス**

●濁ってのばす声
・ガー　→**ハシボソガラス**
・ギー（戸がきしむような声）　→**コゲラ**
・ビーン（弾む感じ）　→**カワラヒワ**のさえずり

●濁った連続音
・ジュクジュクジュク　→**シジュウカラ**（やや警戒している時）

●低い声
・デデーポッポーを繰り返す　→**キジバト**

＜さえずりと地鳴き＞

　ウグイスのホーホケキョのように、春から雄が歌うように鳴くのをさえずりと呼び、**雌を呼ぶ**、**なわばりを宣言する**などの意味があると考えられます。スズメ目では、雌雄や季節を問わない単純な地鳴きと区別しやすい種が多くいます。地鳴きには警戒を意味する声も含まれます。1章ではさえずりが明確なものはSとして記し、それ以外は「声」「鳴く」と表記しました。

● さえずりの楽しみ方

　複雑なさえずりはバリエーションもあるので、聞き分けるのは簡単ではありません。よく聞く声や比較的単純なさえずりからわかるようにして、質や鳴き方を比べてみましょう。種がわからなくても、さえずっていれば雄で、さえずりが終われば子育ても終わったと推測できます。

● 聞きなし

　さえずりを人の言葉に置き換えることを聞きなしと呼び、例を記します。

- 「一杯、一杯」「ピース、ピース」　→ **シジュウカラ**
- 「ちょっと来い」「母ちゃん怖い」　→ **コジュケイ**
- 「てっぺん欠けたか」「特許許可局」　→ **ホトトギス**
- 「四六、二十四」「これ食べてもいい？」→ **イカル**
- 「鶴千代君」「焼酎一杯グイー」→ **センダイムシクイ**
- 「銭取り、銭取り」　→ **メボソムシクイ**
- 「ぼろ着て奉公」「鼻くそ食うぞ」　→ **フクロウ**
- 「一筆啓上仕り候」「札幌ラーメン味噌ラーメン」→ **ホオジロ**

● 複雑なさえずり

　ホオジロのさえずりは複雑ですが、木の梢や電線など高く目立つところで歌うので、姿を確認しやすい鳥です。声の質は細く、鳴き方は早口で（2秒以内で歌いきる）、最初にアクセントがあります。ホオジロと比べることでゆっくりした**アオジ**、長くて抑揚が少ない**メジロ**もわかるようになるでしょう。

● 長いさえずり

　身近な鳥では**メジロ**や**ツバメ**が数秒間も歌い続けます。メジロの聞きなしは「長兵衛中兵衛長中兵衛」「チルチルミチル青い鳥」、ツバメは「わたしゃ虫食って土食って口しぶーい」があります。高い茂みの中から聞こえてくるのは、まずメジロです。

【6】季節・場所や習性で絞る

　よく似たカラス類でも、夏の都市部や高山ならまずハシブトガラスであるように、季節や場所からそこにいるはずの種が推測できるようになれば、気づくのも見分けるのも早くなります。

●季節で絞る例
・夏の低地のカモ類→**カルガモ**の可能性が高い（20P）
・夏のカモメ類→**ウミネコ**の可能性が高い（19P）
●場所（環境）で絞る例
・湾内や淡水のウ類→**カワウ**の可能性が高い（22P）
・林の下で尾を振る→**ビンズイ**の可能性が高い（10P）
●場所（地域）で絞る例
・南の島のカラス類→**ハシブトガラス**の可能性が高い（17P）

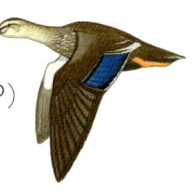

＜季節移動と地域＞
　移動する種が多い一方、その範囲はよくわかっていません（同じ種でも地域、雌雄、年齢で違うことがある）。本書では春に渡来して夏までいる鳥を夏鳥、秋に渡来し冬までいる鳥を冬鳥、春の北上と秋の南下の際に見られる鳥を旅鳥とし、北と南の違いは34Pでまとめました。1年中見られる鳥は留鳥ですが、ウグイスの場合、日本で留鳥と呼べても山地や北海道では夏鳥、本州以南の低地では冬鳥です。

＜習性＞
　例えば「**秋冬は群れる小鳥が多い**」「**シギ科は群れる旅鳥が多い**」「**タカ科は渡り以外では群れない**」などを知れば、次のように絞ることができます。

●秋冬に1羽でいる小鳥→**モズ、ジョウビタキ、セキレイ類**など
●1羽で夏や冬もいるシギ類→**イソシギ**
●群れるタカ科→**トビ**

ほか、食べ方、頭かきの方法（51P）など行動も仲間や種によって違いがあるので見分ける時に役立ちます。

2−2 鳥の体と飛ぶ仕組み

❶ **くちばし**：小鳥の多くは虫をつまみやすい細い**ピンセット型**くちばし❶で、木の実を食べる時は丸飲みするため、その種子は糞で運ばれます。スズメのような太めの**ペンチ型**❶は固い種子を割って食べるのに適しています（ハト類は例外で、細いくちばしで種子を丸飲みしても消化できる）。**太くて長いくちばし**❶は雑食性の鳥に見られます。

❷ **眼**：瞳とまぶたの間にある瞬膜をよく閉じますが、閉じても一瞬で透明なので気づきにくいものです（カラス類は例外で、白い瞬膜がよく目立つ）。まぶたの色や閉じ方はさまざまです（52P）。

❸ **耳**：目の下後方に耳の穴が開いていますが、多くの種では耳羽と呼ばれる羽毛（スズメでは黒い斑、ヒヨドリでは赤茶の部分）に隠れて見えません。

❹ **鼻**：上くちばしに鼻孔という穴が開いていますが、カラス科では毛のような羽毛❼に隠れて見えません。ドバトのように、くちばし上部の柔らかな部分がこぶ状に膨らむ種もいます。

❺ **足指**：前3本、後1本が普通ですが、キツツキ科・フクロウ科・カッコウ科などでは前後2本ずつになっています。

❻ **かかと**：ひざはより上部にあり、隠れて見えません。

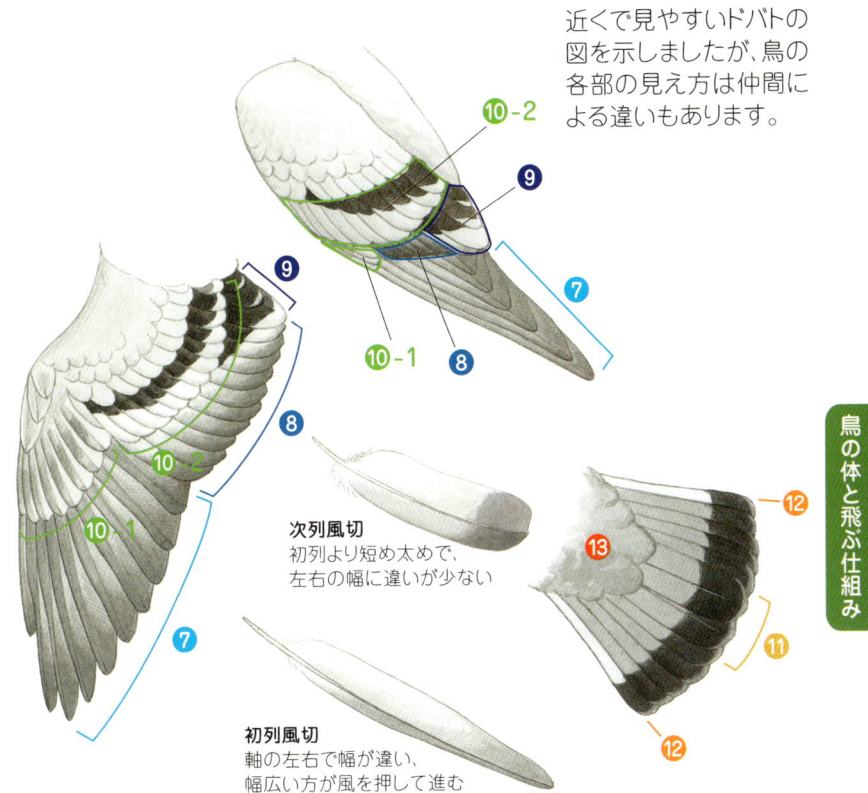

近くで見やすいドバトの図を示しましたが、鳥の各部の見え方は仲間による違いもあります。

次列風切
初列より短め太めで、左右の幅に違いが少ない

初列風切
軸の左右で幅が違い、幅広い方が風を押して進む

❼**初列風切羽**：翼の先に位置し、細長く、羽ばたいて前進する力を生みます。

❽**次列風切羽**：❼より胴体側に位置し、羽ばたいて揚力を生みます。

❾**三列風切羽**：❽より胴体側の3〜5枚（翼は初列風切の一番外側から内側にたたまれ、静止時には胴体側の羽ほど外側に見える）。

❿**雨覆羽**：風切羽の根元を覆って翼を流線型にしています。❼の上❿-1が初列雨覆、❽の上❿-2が大雨覆、その上が中雨覆や小雨覆で、スズメの翼に見える白っぽい線は大雨覆と中雨覆の先です。

尾羽：ブレーキや方向転回に使われます。多くの種で12枚あり、中央の2枚⓫の下に左右5枚ずつがたたまれ、最外側尾羽⓬の上面は飛ぶと横に広がって見えます。また、尾羽の付け根の上側を覆う羽⓭上尾筒と下側の下尾筒で尾を構成します。

鳥の体と飛ぶ仕組み

2-3 おすすめとお願い

　野鳥に慣れるには、まず探鳥会に参加する、サンクチュアリを訪ねるなどして、案内役から直接教えてもらうことがおすすめ。観察機材もそこで使わせてもらうと参考になるでしょう。

●双眼鏡や望遠鏡
　倍率が高いほど見える範囲が狭くなるので、最初は8倍程度の双眼鏡で、見やすい対象から練習しましょう。まずは、動かないものを視野に入れてピントを合わせます。**肉眼でその方向を見定めてから双眼鏡をあてがうようにする**、ピントを合わせやすい遠くものから、次第に近くのものへと変えてみるのがよいでしょう。

　森の小鳥は難しく、カラス類やハト類で慣れてからスズメを見られるような練習が要りますが、最初は大きめで動きが少ないカモ類やサギ類が見やすいはずです。望遠鏡は20倍がよく使われますが、視野がより狭くなるので、先に双眼鏡を使えるようにしましょう。

●お勧めの場所や季節
　慣れるには庭や公園など自宅周辺もよく、3章で記した「野鳥たちは何してる？」や季節ごとの楽しみもあります。近所に**河川や池のある公園**があればベスト、**開けた環境なら小鳥も比較的見やすい**からです。

　山野に出かけるなら**見やすい農地や里山**がお勧めですが、さえずりを聞くには森や山で、5〜7月の夜明け時がベスト。

　水辺は冬鳥が多いのですが、干潟は4〜5月、8〜10月に旅鳥で賑わいます。右のあるがままに親しむマナーさえ気を付ければ、楽しみ方はさまざまです。

フィールドマナー

や　野外活動、無理なく楽しく
自然は、人のためだけにあるのではありません。思わぬ危機が潜んでいるかもしれないのです。知識とゆとりを持って安全に行動するようにしましょう。

さ　採集は控えて、自然はそのままに
自然は野鳥のすみかであり、多くの生物は彼らの食べ物でもあります。あるがままを見ることで、いままで気づかなかった世界が広がります。むやみに捕ることは慎みましょう（みんなで楽しむ探鳥会では、採集禁止が普通）。

し　静かに、そーっと
野鳥など野生動物は人を恐れるものが多く、大きな音や動作を警戒します。静かにしていれば彼らを脅かさずにすみますし、小さな鳴き声や羽音など自然の音を楽しむこともできます。

い　一本道、道からはずれないで
危険を避けるため、自然を傷つけないため、田畑の所有者などそこにくらす人に迷惑をかけないためにも道をはずれないようにしましょう。

き　気をつけよう、写真、給餌、人への迷惑
撮影が、野生生物や周囲の自然に悪影響を及ぼす場合もあるので、対象の生物や周囲の環境をよく理解した上で影響がないようつとめましょう。餌を与える行為も、カラスやハトのように人の生活と軋轢が生じている生物、生態系に影響を与えている移入種、水質悪化が指摘されている場所などでは控える必要があります。また、写真撮影や給餌、観察が地元の人や周囲の人に誤解やストレスを与える場合もあるので、十分な配慮をしましょう。

も　持って帰ろう、思い出とゴミ
ゴミは家まで持ち帰って処理しましょう。ビニールやプラスチックが鳥たちを死にいたらしめることがあります。またお弁当の食べ残し等が雑食性の生物を増やすことで自然のバランスに悪影響を与えます。責任をもってゴミを始末することは、誰にでもできる自然保護活動です。

ち　近づかないで、野鳥の巣
子育ての季節、親鳥は特に神経質になるものが多く、危険を感じたり、巣のまわりの様子が変化すると、巣を捨ててしまうことがあります。特に、巣の近くでの撮影はヒナを死にいたらしめることもあるので、野鳥の習性を熟知していない場合は避けましょう。また、巣立ったばかりのヒナは迷子のように見えますが、親鳥が潜んでいることが多いので、間違えて拾ってこないようにしましょう。

3章「楽しみ方さまざま」

3-1 野鳥たちは 何してる?

　野鳥の暮らしは、日々サバイバル。天敵、悪天候、さまざまな危険の中でも自ら食物を得なくてはなりません。毎年春から子育てが繰り返され、ヒナは一冬越せば成鳥となって子育てできる種が多くても、生き残る方が少ないので増えすぎません。私たちが出会うのは生きのびた一部で、必死に生きのびようとしている命なのです。

【1】お食事ウォッチング
●何食べる?
　活動的な鳥たちは大量の食物が必要なため、食べていることが多いはず。じっとしていても、食物を探しているのかもしれません。小鳥の多くは虫などの動物質が主食で、植物質の場合は栄養価の高い実が好まれます（メジロやヒヨドリは蜜も好む）。

●どう出す?
　飛ぶためには体を重くできないので、よく糞を出します。糞が尾や足にかからないようにするため、尾を上げたり、飛翔中は足を出したり、開いたりもします。なお、糞にはおしっこも含まれています（白い部分が尿酸）。

●どう食べる?
　魚を食べる鳥は、殆ど頭から飲み込むようですが、食べ方は仲間や種によって違いがあります。ガをくわえたスズメは、何度もふりまわして鱗粉が多い翅を落としますが、シジュウカラ科やカラス科、モズ科は、足で押さえて、くちばしで翅をちぎることができます。また、落ち葉はくちばしでどかしますが、キジ科は足で、スズメは頭を用いることもあります。

●どう飲む?
　水を飲むには、多くの鳥が上を向きます（ほ乳類が吸い込めるのは、お乳を吸うために発達した能力です）。

【2】お手入れウォッチング

　2億年以上前は、毛も羽毛もありませんでした。爬虫類時代の鱗を毛に変えて「けもの（ほ乳類）」、羽毛に変えて「鳥類」が進化したとも言えます。羽は体を守り、体温を維持し、飛ぶにも不可欠ですから、手入れは欠かせません。

●浴び

　多くが浅い水辺に立って水浴びをしますが、カワセミは飛び込むようにし、ヒヨドリでは両方の浴び方が見られます。ヒバリやキジ科は砂浴びをし、スズメは水浴びも砂浴びもします。雨浴びや日光浴のほか、カラス類などで蟻浴びや煙浴びも見られます。

スズメの砂浴び

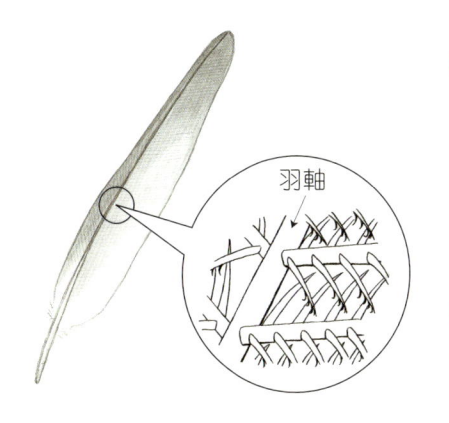

●羽繕い

　浴びの後、くちばしで羽毛の並びや左図のような構造を整えつつ、腰にある脂腺から分泌する脂を塗って、防水機能も高めます。これを2羽で行う相互羽繕いはカラス科、ハト科、メジロのペアでよく見られます。

羽軸

●頭かき

　頭かきにはそのまま足をあげる直接法と、下げた翼の間から足を出す間接法（翼越し頭かき）があり、後者はスズメ目やブッポウソウ目、チドリ目チドリ科などで見られます。

ヒヨドリの頭かき（間接法）

鳥たちは 何してる？

【3】お休みウォッチング

●睡眠

羽毛の中にくちばしと足を入れて眠るのは、裸出部から体温を逃がさないためと考えられます。カモ類の昼寝ではこの姿勢で眼を開けていることも多く、閉じる時は白っぽい下まぶたを上げる種が多いようです（ハト類など上下のまぶたを閉じる鳥もいます）。

マガモ

●あくび

小鳥では見逃しやすいのですが、カモメ科のようにくちばしが大きな鳥では、大口を開ける姿がよく見られます。

●のび

のびでは、図❶❷がよく見られます。

❶ 翼と足を片側ずつ後方にのばす

❷ 頭を前に出し、翼を上げる

カルガモ

●風・寒さ・暑さ対策

強風時は風上を向き、寒い時は羽毛を立てて空気の層を厚くすることで体温を逃がさないようにします。暑い時は口を開けたり、喉をゴロゴロさせたりして体温を放出することもあります。

●遊び？

自然界では遊ぶ余裕などないと思われますが、カラス類などで遊びとしか思えない行動も見られます（電線にぶら下がる、滑り台や雪の斜面を滑る、風や気流に任せて飛ぶなど）。

鳥たちは何してる？

【4】子育てウォッチング

　鳥の暮らしは種ごとに違いがあり、よくわかっていないことも多いのですが、小鳥を中心に、だいたいの繁殖習性をまとめてみましょう。

オオヨシキリ

●さえずり〜なわばり防衛

　春に雄がさえずり、求愛しペアが生まれます（一夫一妻が多いが、ウグイス科などで一夫多妻もある）。雄は、なわばり宣言としてさえずり続け、シジュウカラやカラス類などは採食範囲まで防衛する一方、スズメやムクドリのように、巣の回りだけ防衛する種もいます。

●巣作りや交尾

　巣の場所や巣材はさまざま。巣作りは、スズメやツバメは雌雄、シジュウカラ科・アトリ科・ウグイス科は雌だけ、ミソサザイは、雄が外装、雌が内装と分担します。巣作りの頃によく交尾しますが、ハシボソガラスは地上でも行い、ハシブトガラスは樹上が多いなど、種で違いがあるようです。

●産卵〜抱卵

　産卵数は3〜数個が普通ですが、シジュウカラやカモ科・キジ科などは10個前後産みます。一日1個ずつ生み、予定数を生み終えてから抱卵します（タカ科やカラス類では初卵から抱卵するためヒナが不揃いになる）。ハト類は2卵だけですが、食べた種子から体内で作るミルク状の物質（ピジョンミルク）をヒナに与えるので、虫が少ない秋冬でも子育てできます。

●育雛〜巣立ち

　雌雄でたくさんの虫を運び、2週間前後で巣立たせますが、シジュウカラ・ツバメ・ムクドリなどで3週間、カラス類では4週間ほどかかります。ヒナは巣立つ頃には親鳥に近いサイズになりますが、翼をばたつかせて餌をねだる動作は続きます。例外は地上営巣のカモ科・キジ科などのヒナで、孵化後すぐに巣を離れます（早成性）。

鳥たちは 何してる？

● 親子やペアの関係

　スズメのヒナは巣立ち後2週間弱で自立するようですが、普通は1ヶ月ほど親子関係が続きます。2度目の繁殖に入る小鳥もいますが、それも夏の間に終わり、親子やペアの関係もそこまでという種が多いようです（ガン・ハクチョウ・ツル類のように冬まで親子関係が続き、ペアが継続される鳥もいる）。

● 幼鳥と若鳥

　51Pの図のような構造をした羽毛が正羽で、孵化したヒナに生え揃う正羽が幼羽です。幼羽をまとった段階が幼鳥で、スズメやヒヨドリは秋までに換羽（定期的な羽の抜けかわり）して成鳥のような姿になります。成鳥になるまでに1年以上要するタカ科・カモメ科などでは、途中の段階を若鳥とも呼びます。換羽様式はさまざまですが、成鳥の換羽は子育てが終わる夏から秋が普通です。

3-2 季節を楽しむ

　近所の公園などでも楽しめる季節ごとの見所をまとめました（本州の低地が目安で、南北や標高によっては少しずれます）。

【1】春〜夏

□ **ラブソングを聞こう**

シジュウカラは1月から、カワラヒワ・メジロ・ウグイス・ヒバリでは2〜3月にさえずりが始まります。

□ **ラブラブを見よう**

求愛給餌（ペアの雄が雌に食物を与える）はカラス類で2月頃、シジュウカラで3月頃から始まり、アトリ科やカワセミ科でも見られます。相互羽繕いは、メジロ・ハト類・カラス類では秋冬でも見られることがあり、ペアの関係が続いているのかも知れません。

□ **ペアを探そう**

群れていた小鳥が分散する頃、行動を共にする2羽はペアと推測できます。また、虫を食べるようになって、人為的な植物質の餌には来なくなります。

☐ 巣作りや交尾を見よう

3月頃から、スズメやカラス類で巣作りが始まります。運ぶ巣材は次第に小さくなり、羽や毛になると卵を産み落とす産座にするので、産卵が近いことになります。交尾では、スズメのように特別な声(3P)を出す種がいるようです。

☐ 夏鳥に再会しよう

多くは東南アジアから、雄が先に渡来します。3〜4月にツバメ、4〜5月にアマツバメ・クロツグミ・キビタキ・オオルリ・センダイムシクイ、5月中旬からカッコウ、ホトトギス、メボソムシクイが北上し、町の緑地でもさえずりが聞かれ、姿が見られることもあります。

キビタキ　　オオルリ

クロツグミ　　センダイムシクイ　　コムクドリ

☐ 子育てを見守ろう

4月にはスズメやシジュウカラが虫をくわえて運び、ヒナのフンを巣から運び出す姿が見られ、下旬からヒナの声が聞こえだし、5月初旬には巣立ちが始まります。ムクドリやヒヨドリでも巣立ちが始まる6月は親子だらけになり(大きさでは親子が区別できないことに注意)、成鳥と違う行動、好奇心で自ら学習していく様子などが観察できます。8月以降はよく羽が落ちていますが、それは子育て後の換羽が始まった証です。

季節を楽しむ

【2】秋〜冬

☐ タカ類やヒヨドリの渡りを見よう
ツル・ハクチョウ・タカ・ツバメ類は明るい時間帯に渡り、9〜10月頃、町の上空でもサシバの南下が見られます。ヒヨドリ・メジロやカケスでも朝、南や西に移動する群れが見られます。

☐ 南下を見送ろう
9〜10月は町の緑地でも渡り途中の夏鳥（ウグイス科・ヒタキ科・カッコウ科など）が見られます。さえずらないし、雌に似た幼鳥や若鳥が多い時期ですが、ヒタキ科ではスズメより素早く飛ぶことがポイントになります。

キビタキ

☐ 冬鳥に再会しよう
カモ類は9月から渡来します。雄が地味なままで見分にくくても、カルガモでなければ、ロシアやアラスカから渡ってきた冬鳥の可能性が高いと考えられます。

☐ 群れや集団ねぐらを見よう
ムクドリ・セキレイ類・カラス類や若いスズメは集団ねぐらに集まるようになります。夕方、群れが飛ぶ方向にねぐらがあり、駅前の街路樹やビルの隙間、ハイウェイの植栽などもねぐらになります。

☐ 食生活の変化を知ろう
虫が減り木の実が色づく頃、実を食べる小鳥が増えます。ヤマガラやカケスでは、冬に備えて貯食が始まります。

☐ 古巣を探そう
落葉後は、よく古巣が見つかります。樹上に多いのは小さなカップをつり下げたようなメジロ、枝を平に組んだキジバト、大きく厚いカラス類などです。

☐ カモのダンスを見よう
秋の深まりとともにカモ類の雄は派手な姿になり、雌を囲んでの求愛ポーズが見られるようになります。

尾と首を上げる
オナガガモの求愛

季節を楽しむ

3−3 鳥類の分類と種

●鳥類は、ほ乳類と同じく動物界−脊椎動物門に分類され、その先の分類単位は**目−科−属−種**です。この分類にこだわらずに仲間を意味する場合、〜**類**を使います。

●種の名前は世界共通の**学名**（ラテン語2つで、属と種を示す）で示されますが、本書では日本鳥類目録改訂第6版（2000年、日本鳥学会）の和名を使いました。

●種は、共通した形態や暮らし方、遺伝的独立（種が違うと子孫を残せない）によって定義されますが、同種でも個体差はあるし、近縁種では異種間の交雑もありえます。なお、同じ種でも地域による形態的な違いがある場合、亜種としてわけることがあります。

●分類には諸説ありますが、本書が準拠した日本鳥類目録改訂第6版による目と科を表にしました。スズメ目は小型種が多いので小鳥とも呼ばれ、多くの科や種がここに属します。

目	科	目	科
アビ	アビ	ヨタカ	ヨタカ
カイツブリ	カイツブリ	アマツバメ	アマツバメ
ミズナギドリ	アホウドリ、ミズナギドリ、ウミツバメ	ブッポウソウ	カワセミ、ハチクイ、ブッポウソウ、ヤツガシラ
ペリカン	ネッタイチョウ、ペリカン、カツオドリ、グンカンドリ、ウ	キツツキ	キツツキ
コウノトリ	サギ、コウノトリ、トキ	スズメ	ヤイロチョウ、ヒバリ、ツバメ、
カモ	カモ		セキレイ、サンショウクイ、
タカ	タカ、ハヤブサ		ヒヨドリ、モズ、レンジャク、
キジ	ライチョウ、キジ		カワガラス、ミソサザイ、
ツル	ミフウズラ、ツル、クイナ、ノガン		イワヒバリ、ツグミ、チメドリ、
チドリ	レンカク、タマシギ、ミヤコドリ、チドリ、シギ、セイタカシギ、ヒレアシシギ、ツバメチドリ、トウゾクカモメ、カモメ、ウミスズメ		ウグイス、ヒタキ、カササギヒタキ、エナガ、ツリスガラ、シジュウカラ、ゴジュウカラ、キバシリ、メジロ、ミツスイ、ホオジロ、アトリ、
ハト	サケイ、ハト		ハタオリドリ、ムクドリ、
カッコウ	カッコウ		コウライウグイス、
フクロウ	フクロウ、メンフクロウ		モリツバメ、カラス

3-4 QアンドA

●野鳥が多いのはいつ、どこですか？

　種ごとの個体数は繁殖後の夏に多いはずですが、8月はさえずりが止み、換羽のために活動的でなくなるので目立ちません。習性や住みかは種ごとに違いがあるので、**さまざまな環境があると多くの種が共存**でき、環境が単純な高山より里山、上流より河原が広がる下流域、人工林よりいろいろな木がある森の方が種は多いはずです。日本では夏鳥より冬鳥の方が多く、特に低地や水辺では秋冬の方が種が多い上に見やすいと言えます。

●野鳥はどのくらい生きるのですか

　よく分かっていませんがスズメの平均寿命では、1年3ヶ月というデータがあります。飼育下では10年以上生きた例もありますが、冬を越して繁殖可能になる個体が多くない自然界では、**平均寿命は短い**はずです。繁殖できるまでに何年も要したり、繁殖頻度や産卵数が少ない種では、比較的生存率が高く長く生きるものがいると考えられます。

●鳥は夜も見えますか？

　野鳥は「鳥目」ではありません。カモ類などは夜も活動するし、オオヨシキリ、ホトトギスなど夜もよく鳴く種もいます。**渡りは夜に多く**（猛禽類の襲来が少なく、体温上昇を防げる）、星を座標にしている鳥もいることがわかっています。

●日本にしかいない野鳥はいますか？

　日本鳥類目録に記された542種のうち、日本以外に分布域がない種（日本固有種）はヤンバルクイナ、ノグチゲラ、アカヒゲ、アカコッコ、ルリカケスなど島に多く、広い範囲で見られる種ではアオゲラ、ヤマドリ、セグロセキレイ（近年、朝鮮半島でも見つかった）、カヤクグリなどです。ミゾゴイ、イイジマムシクイ、ノジコのように繁殖地が日本しかない種、カンムリウミスズメ、コゲラ、ヒヨドリなど日本周辺でしか見られない種もいます。

●外来種とは何ですか？

　外来種とは、本来分布していないところに**人為的に導入され**、定着した生物種。農業被害や本来そこにいる種への影響（競合、病気の伝染、交雑）などの懸念から、外来生物法によって輸入や飼育などが原則禁止となっている種（鳥類ではチメドリ科4種）もいます（アヒルなどの家禽の野生化も同様の問題がある）。

●野鳥は減っていますか？

　見通しがよい場所にいて、生息地が限られている種以外は、簡単に数えられません。ある場所で減ってもほかで増えていることもあるし、変動が大きく（繁殖期に増えて冬に減るし、年によって増減を繰り返す傾向もある）、**総合的、長期的なデータに基づく分析が必要**です。環境省がまとめた繁殖分布の調査では、ウズラ、ヒバリなど草原性、ヒクイナ、タマシギなど湿地性の種で減少が著しいとされています。

●日本でも絶滅しそうな野鳥がいますか？

　種ごとの個体数を推定して、絶滅が心配される種は**レッドリスト**に掲載されますが、環境省による国内のリストと国際自然保護連合による世界のリストでは違いもあります。ノグチゲラ、オオワシやタンチョウなど世界的に分布が狭い種は共通していますが、日本で**絶滅危惧種**とされるライチョウ、ウミガラス、カンムリワシなどは日本以外で数多い地域があるので世界のリストには記載されていません。

●どうしたら野鳥を守ることができますか？

　地球温暖化や**生物多様性**の減少など、さまざまな課題が野鳥の保護に関係していますが、ここでは日本野鳥の会のホームページを紹介しておきます。自然保護活動の紹介やバードウォッチングを楽しむ方法の他にも「**法制度の改善**」「**密猟や違法販売の防止**」「**野鳥と感染症**」など幅広いコンテンツが参考になるでしょう。

http://www.wbsj.org/

索引

1章の科・種を掲載しました。
灰色文字はイラストがありません。

ア

アオアシシギ …………… 29
アオゲラ ………………… 8
アオサギ ………………… 23
アオジ …………………… 4
アオバズク ……………… 16
アオバト ………………… 15
アカゲラ ………………… 8
アカコッコ……………… 14、34
アカショウビン ………… 25
アカハラ ………………… 14
アカヒゲ ………………… 34
アカモズ ………………… 11
アジサシ ………………… 19
アトリ科 ……………… 5、11
アトリ…………………… 5
アヒル …………………… 20
アホウドリ科…………… 31
アマサギ ………………… 23
アマツバメ科 …………… 9
アマツバメ ……………… 9
アリスイ ……………… 8、34
イイジマムシクイ……… 32、34
イエスズメ ……………… 3
イカル …………………… 5
イカルチドリ…………… 26
イソシギ ………………… 26
イソヒヨドリ…………… 25
イヌワシ ………………… 18
イワツバメ ……………… 9
ウ科 ……………………… 22
ウグイス科 ………… 2、24、32
ウグイス ………………… 2
ウズラ …………………… 16
ウズラシギ ……………… 28
ウソ ……………………… 5
ウミアイサ ……………… 30
ウミウ …………………… 22
ウミツバメ科 …………… 31
ウミネコ ………………… 19
エゾビタキ ……………… 7
エゾムシクイ …………… 33
エゾライチョウ………… 16、34
エナガ科 ………………… 6
エナガ …………………… 6
オオアカゲラ …………… 8
オオジシギ …………… 29、34
オオジュリン …………… 24
オオセグロカモメ ……… 19
オオソリハシシギ ……… 29
オオタカ ………………… 18
オオハクチョウ ………… 30
オオバン ………………… 22
オオモズ ………………… 11
オオヨシキリ …………… 24
オオルリ ………………… 7
オオワシ ………………… 31
オカヨシガモ …………… 21
オグロシギ ……………… 29
オシドリ ………………… 21
オジロトウネン ………… 28
オジロワシ ……………… 31
オナガ …………………… 13
オナガガモ ……………… 20
オバシギ ………………… 28

カ

カイツブリ科 …………… 22
カイツブリ ……………… 22
カケス …………………… 15
カササギ ………………… 13
カササギヒタキ科 ……… 11
カシラダカ ……………… 4
ガチョウ ………………… 31
カッコウ科 ……………… 32
カッコウ ………………… 32
ガビチョウ ……………… 13
カモ科 ……… 20〜21、30〜31
カモメ科 ………………… 19
カモメ …………………… 19
カヤクグリ ……………… 33
カラス科 ……………… 13、15、17

カラスバト	15
カルガモ	20
カワアイサ	21
カワウ	22
カワガラス科	25
カワガラス	25
カワセミ科	25
カワセミ	25
カワラヒワ	5
カンムリカイツブリ	22
カンムリワシ	34
キアシシギ	28
キクイタダキ	2
キジ科	16
キジ	16
キジバト	15
キセキレイ	10
キツツキ科	8
キビタキ	7
キョウジョシギ	28
キレンジャク	12
キンクロハジロ	21
クイナ科	22
クサシギ	26
クマゲラ	8
クマタカ	18
クロガモ	30
クロサギ	23
クロジ	4
クロツグミ	14
ケリ	27
コアカゲラ	8
コアジサシ	19
ゴイサギ	23
コウノトリ科	23
コオバシギ	28
コオリガモ	30
コガモ	20
コガラ	6
コクマルガラス	17
コゲラ	8
コサギ	23
コシアカツバメ	9
ゴジュウカラ科	6
ゴジュウカラ	6
コジュケイ	16
コチドリ	26
コチョウゲンボウ	18
コハクチョウ	30
コブハクチョウ	30
コマドリ	32
コムクドリ	12
コヨシキリ	24、34
コルリ	32

サ

サギ科	23
サカツラガン	31
ササゴイ	23、34
サシバ	18
サンコウチョウ	11
サンショウクイ科	11
サンショウクイ	11
シギ科	26、28
シジュウカラ科	6
シジュウカラ	6
シマフクロウ	34
シメ	5
シノリガモ	30
ジュウイチ	32
ショウドウツバメ	9
ジョウビタキ	7
シラコバト	15
シロガシラ	13
シロカモメ	19
シロチドリ	27
シロハラ	14
スズガモ	30
スズメ	3
セイタカシギ科	28
セキレイ科	10
セグロカモメ	19
セグロセキレイ	10
セッカ	24
センダイムシクイ	32
ソウシチョウ	13
ソリハシシギ	28

索引

61

タ

- ダイサギ ……………………… 23
- ダイシャクシギ ………………… 29
- ダイゼン ……………………… 27
- タカ科 …………………… 15、18、31
- タカブシギ …………………… 28
- タゲリ ………………………… 27
- タシギ ………………………… 29
- タヒバリ ……………………… 10
- タマシギ科 …………………… 28
- タマシギ ……………………… 16
- タンチョウ …………………… 34
- チゴハヤブサ ………………… 18
- チゴモズ ……………………… 11
- チドリ科 …………………… 26、27
- チメドリ科 …………………… 13
- チュウサギ …………………… 23
- チュウシャクシギ ……………… 29
- チュウヒ ……………………… 31
- チョウゲンボウ ………………… 18
- ツグミ科 ………… 7、14、24、25、32、34
- ツグミ ………………………… 14
- ツツドリ ……………………… 32
- ツバメ科 ……………………… 9
- ツバメ ………………………… 9
- ツミ …………………………… 15
- ツメナガセキレイ ……………… 10
- ツル科 ………………………… 23
- ツルシギ ……………………… 29
- トウネン ……………………… 28
- トキ科 ………………………… 23
- ドバト（カワラバト） ………… 15
- トビ …………………………… 18
- トラツグミ …………………… 14

ナ

- ニュウナイスズメ ……………… 3
- ノグチゲラ …………………… 8
- ノゴマ ………………………… 34
- ノジコ ………………………… 4
- ノスリ ………………………… 18
- ノビタキ ……………………… 24

ハ

- ハイイロガン ………………… 31
- ハイイロチュウヒ ……………… 31
- ハイタカ ……………………… 18
- ハクセキレイ ………………… 10
- ハタオリドリ科 ………………… 3
- ハッカチョウ ………………… 12
- ハシビロガモ ………………… 20
- ハシブトガラ ……………… 6、34
- ハシブトガラス ……………… 17
- ハシボソガラス ……………… 17
- ハチクマ ……………………… 18
- ハト科 ………………………… 15
- ハマシギ ……………………… 28
- ハヤブサ科 …………………… 18
- ハヤブサ ……………………… 18
- ハリオアマツバメ ……………… 9
- バリケン ……………………… 20
- バン …………………………… 22
- ヒガラ ………………………… 6
- ヒクイナ ……………………… 16
- ヒシクイ ……………………… 31
- ヒタキ科 ……………………… 7
- ヒドリガモ …………………… 20
- ヒバリ科 …………………… 3、24
- ヒバリ ……………………… 3、24
- ヒバリシギ …………………… 28
- ヒメアマツバメ ………………… 9
- ヒメウ ………………………… 22
- ヒヨドリ科 …………………… 13
- ヒヨドリ ……………………… 13
- ヒレアシシギ科 ……………… 28
- ヒレンジャク ………………… 12
- ビロードキンクロ ……………… 30
- ビンズイ ……………………… 10
- フクロウ科 …………………… 16
- フクロウ ……………………… 16
- ベニマシコ …………………… 11
- ホウロクシギ ………………… 29
- ホオアカ ……………………… 24
- ホオジロ科 ………………… 4、24
- ホオジロ ……………………… 4
- ホオジロガモ ………………… 30
- ホシガラス …………………… 17

ホシハジロ …………………… 21	モズ科 ……………………… 11	
ホトトギス ………………… 32	モズ ………………………… 11	
ホンセイインコ …………… 13		

ヤ

ヤブサメ …………………… 32
ヤマガラ ……………………… 6
ヤマゲラ ………………… 8、34
ヤマシギ …………………… 16
ヤマセミ …………………… 25
ヤマドリ …………………… 16
ヤンバルクイナ …………… 34
ユリカモメ ………………… 19
ヨシガモ …………………… 21
ヨシゴイ …………………… 23
ヨタカ科 …………………… 16
ヨタカ ……………………… 16

マ

マガモ ……………………… 20
マガン ……………………… 31
マヒワ ………………………… 5
マミジロ …………………… 14
マミチャジナイ …………… 14
ミコアイサ ………………… 21
ミサゴ ……………………… 31
ミズナギドリ科 …………… 31
ミゾゴイ …………………… 16
ミソサザイ科 ………………… 2
ミソサザイ …………………… 2
ミツユビカモメ …………… 31
ミヤコドリ科 ……………… 28
ミヤマガラス ……………… 17
ミヤマホオジロ ……………… 4
ムクドリ科 ………………… 12
ムクドリ …………………… 12
ムナグロ …………………… 27
メジロ科 ……………………… 2
メジロ ………………………… 2
メダイチドリ ……………… 27
メボソムシクイ …………… 33

ラ

ライチョウ ………………… 16
リュウキュウツバメ ………… 9
ルリカケス ………………… 34
ルリビタキ …………………… 7
レンジャク科 ……………… 12

ワ

ワシカモメ ………………… 19
ワタリガラス ……………… 17

用語索引
※本文中に茶色の文字で示した用語の解説ページ。
※学術用語の定義は難しい上に諸説もあるため、本書では、一般的な解説をしています。

亜種 ………… 57
頭かき ……… 51
雨覆 ………… 47
ウォーキング …… 41
外来種 ……… 59
過眼線 ……… 42
滑空 ………… 42
換羽 ………… 54
求愛給餌 …… 54
交雑 ………… 57
サンクチュアリ …… 64
スズメ目 …… 57
三列風切 …… 47

地鳴き ……… 43
初列風切 …… 47
次列風切 …… 47
早成性 ……… 53
相互羽繕い … 51
旅鳥 ………… 45
探鳥会 ……… 64
貯食 ………… 17
夏鳥 ………… 45
夏羽 ………… 42
日本鳥類目録 … 57
のび ………… 52
帆翔 ………… 42

波状飛行 …… 41
鼻孔 ………… 46
眉斑 ………… 42
冬羽 ………… 42
冬鳥 ………… 45
ホッピング … 41
ホバリング … 42
幼鳥 ………… 54
留鳥 ………… 45
若鳥 ………… 54
L（全長） …… 37
S（さえずり）… 43
W（翼開長）… 37

探鳥会に行ってみよう

日本野鳥の会の全国の支部では、週末を中心に各地で探鳥会（バードウォッチングを楽しむ行事）を開催しています。どなたでも参加できますので、お一人ではもちろん、お友達、ご家族と一緒にぜひご参加ください。鳥が分からないからと心配せずに、まずは気軽に参加してみることがおすすめです。探鳥会の案内役や参加者の方が親切に教えてくれるでしょうし、友達づくりにもよい機会です。

探鳥会情報はこちらをご覧ください
http://www.wbsj.org/shibu/tancho/index.html
掲載情報についてのお問い合わせ
日本野鳥の会普及室　探鳥会係
TEL：03-5436-2622　　　nature@wbsj.org

入会のおさそい

日本野鳥の会は、自然と人間が共存する豊かな社会の実現を目指し、野鳥や自然のすばらしさを伝えながら、自然保護を進めている民間団体です。1934年、中西悟堂によって「野の鳥は野に」を旗印に創設されました。私たちはその初心を大切に、会費や寄付によって支えられてさまざまな活動を行っています。

私たちの仲間になりませんか？

会員には、資格も年齢制限もありません。野鳥や自然を大切に思う方なら、どなたでも会員になれます。会員になると、野鳥や自然保護についての記事が満載の会誌「野鳥」（年11回発行）や、地域の自然情報や探鳥会情報が載った支部報が届きます（会員の種類によってお届けするものが異なります）。また、全国の協定旅館などが割引でご利用いただけます。あなたの支援が、自然保護の大きな力になります。ぜひ本書に同封のハガキで資料をご請求ください。

お問い合わせ先
〒141-0031　東京都品川区西五反田3-9-23丸和ビル
日本野鳥の会　会員室
TEL：03-5436-2630（平日9:30～17:30）
FAX：03-5436-2636
E-mail：shiryou@wbsj.org
URL：http://www.wbsj.org

サンクチュアリに行ってみよう

サンクチュアリには、森や林、草原、水辺等、様々な自然があります。自然観察路もあり、ネイチャーセンターには、日本野鳥の会のレンジャーがいて、いろいろな話を聞けます。

http://www.wbsj.org/sanctuary/about/index.html

より詳しく知りたい人のために。
日本野鳥の会のおすすめ図鑑、CD、DVD。

「フィールド ガイド日本の野鳥 増補改訂版」
¥3,570　614種収録。

「新・山野の鳥」「新・水辺の鳥」
各¥550　2冊合わせて307種収録。

「DVDバードウォッチング入門」
¥2,940　73分。25種の身近な鳥の映像図鑑も収録。

新・山野の鳥対応
「CD声でわかる山野の鳥」
¥1,995　84種の鳴き声収録。

新・水辺の鳥対応
「CD声でわかる水辺の鳥・北や南の鳥」
¥2,100　87種以上の鳴き声収録。

||||| 主な参考文献 |||||

1. 高野伸二ほか,2007.フィールドガイド日本の野鳥 増補改訂版.財団法人日本野鳥の会
2. 安西英明,谷口高司,2008.新・山野の鳥.財団法人日本野鳥の会
3. 安西英明,谷口高司,2008.新・水辺の鳥.財団法人日本野鳥の会
4. 日本野鳥の会レンジャー,2004.野鳥と自然の解説実践ハンドブック.財団法人日本野鳥の会
5. 佐野昌男,2005.わたしのスズメ研究.さ・え・ら書房
6. 黒田長久(編・監),1984.決定版生物大図鑑鳥類.世界文化社
7. 日本鳥学会,2000.日本産鳥類目録改訂第6版.日本鳥学会
8. Svensson L.,P.J.Grant,K.Mullarney & D.Zettterstom,1999.Collins Bird Guide.Harper collins,London.
9. 日本野鳥の会神奈川支部、2007.神奈川の鳥2001〜05

そのほか図版作成や解説文執筆のために、海外の図鑑も含め多くの書籍、インターネットなども参考にさせていただきました

「見る読むわかる野鳥図鑑」

解説：安西英明
絵　：箕輪義隆
編集：瀬古智貫
印刷：株式会社プレストーン
発行：日本野鳥の会
　　　〒141-0031
　　　東京都品川区西五反田3-9-23　丸和ビル
　　　TEL:03-5436-2620
　　　販売TEL:03-5436-2626

2010年3月1日初版第1刷発行
定価：本体800円（税別）
ISBN 978-4-931150-45-4　C0645　¥800E
無断転載・複写複製を禁じます。

ブラッシュアップ助産学

正常分娩の助産術
トラブルへの対応と会陰裂傷縫合

元聖路加看護大学臨床教授 **進 純郎** ／ 聖路加国際大学教授 **堀内成子**

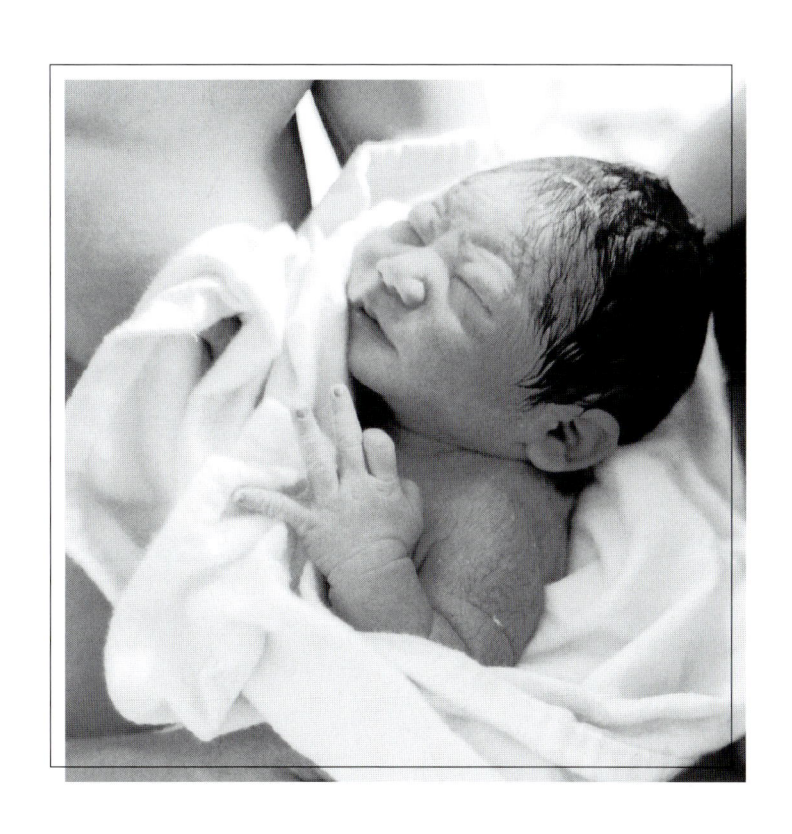

医学書院

進 純郎（しん すみお）	堀内成子（ほりうち しげこ）
1974年　日本医科大学卒業 　　　　日本医科大学室岡産婦人科入局 1987年　医学博士 1992年　日本医科大学産婦人科学助教授 1998年　日本赤十字社葛飾赤十字産院院長 　　　　日本医科大学客員教授 2009年　聖路加看護大学臨床教授 2010年　聖路加産科クリニック所長	1978年　聖路加看護大学衛生看護学部卒業 　　　　聖路加国際病院入職 1982年　東京大学大学院医学系研究科保健学専攻 　　　　保健学修士 1993年　聖路加看護大学大学院看護学科研究科 　　　　看護学博士 1994年　聖路加看護大学教授 2003年　聖路加看護大学学部長・研究科長 2010年　聖路加産科クリニック副所長 　　　　聖路加国際大学教授兼任

〈ブラッシュアップ助産学〉

正常分娩の助産術―トラブルへの対応と会陰裂傷縫合

発　行　2010年 8月 1日　第1版第1刷 ©
　　　　2021年11月 1日　第1版第7刷
著　者　進　純郎・堀内成子
発行者　株式会社　医学書院
　　　　代表取締役　金原　俊
　　　　〒113-8719　東京都文京区本郷1-28-23
　　　　電話　03-3817-5600（社内案内）
印刷・製本　アイワード

本書の複製権・翻訳権・上映権・譲渡権・貸与権・公衆送信権（送信可能化権を含む）は株式会社医学書院が保有します．

ISBN978-4-260-01082-5

本書を無断で複製する行為（複写，スキャン，デジタルデータ化など）は，「私的使用のための複製」など著作権法上の限られた例外を除き禁じられています．大学，病院，診療所，企業などにおいて，業務上使用する目的（診療，研究活動を含む）で上記の行為を行うことは，その使用範囲が内部的であっても，私的使用には該当せず，違法です．また私的使用に該当する場合であっても，代行業者等の第三者に依頼して上記の行為を行うことは違法となります．

|JCOPY| 〈出版者著作権管理機構　委託出版物〉
本書の無断複製は著作権法上での例外を除き禁じられています．複製される場合は，そのつど事前に，出版者著作権管理機構（電話 03-5244-5088，FAX 03-5244-5089，info@jcopy.or.jp）の許諾を得てください．

序

　産科医不足の折から，全国的に助産外来，院内助産が積極的に推進される状況にあります．しかしながら，院内助産推進のための技術を磨くテキストはほとんど見受けられません．院内助産成功のカギは，少しでも産科医の手を煩わせないで助産師だけで分娩を完了できるスキルをもつことであり，スキルアップが急務です．

　全国的に産科医不足の折，行政・医師会の後押しを受けて多くの施設が院内助産に取り組んでいますが，院内助産を開設しても60〜80％の分娩は産科医を呼ばなければならず，本来の院内助産の機能をほとんど果たしていません．その原因として，会陰裂傷，産科出血，遷延分娩，CTGの異常，などが挙げられています．この傾向は過去3年間，全国を行脚して自分の目で確認した多くの施設で同様な傾向にあります．

　会陰裂傷縫合は現在，全国の助産学校，看護大学で講義が行なわれるようになりましたが，実地臨床の場ではまだまだ助産師が行なう体制にはなっておらず，きちんとしたテキストも出版されていません．遷延分娩に関しても，理論に根ざした管理が助産師側にできていないため，ほとんどの施設で分娩が遷延すると産科医による分娩促進が行なわれています．その結果，胎児機能不全を誘発させ，吸引・鉗子分娩，帝王切開になる症例が後を絶ちません．西洋医学偏重は自然なお産の流れを中断させ，母児に多くの合併症を招いています．今こそ代替医療（alternative medicine）をも用いたお産の管理が必要です．

　本書は助産師のケアによりスムーズなお産の進行を促進させること，会陰保護により会陰裂傷を予防すること，助産師が自ら会陰裂傷縫合の技を身につけることなどを目的にしています．現在全国で助産外来は300か所近く，院内助産は70か所以上の施設で行なわれているようですが，その数はますます増えることが予想されます．本書が安全に，安心して満足な院内助産遂行のために役立てていただければ幸いです．

　本書作成に関し多大なご尽力をいただきました医学書院の綿貫桂子氏，伊藤恵氏に深謝申し上げます．

2010年7月

進　純郎

はじめに

　お産をする場所がない「お産難民」，産婦人科医の不足による総合病院産科の閉鎖……1次医療機関や2次医療機関が次々に閉鎖した結果，3次医療機関にハイリスクではない妊産婦が押し寄せる結果を招き，真にハイリスクの人々のニーズを満たせなくなることが危惧されています。もっと1次医療システムを人々の手の届くところで展開しなければ，ますます女性は子どもを産み育てることに戸惑うようになるでしょう。

　わが国の助産師は，その免許により「助産所」を開業できるユニークな助産プライマリケアシステム（1次医療機関）の担い手です。しかし，助産所に就業する助産師は，就業助産師全体の6％しかいません。一方，7割の助産師が就労する病院では，チーム医療を隠れみのとして，助産師が自立して助産診断・ケアすることを妨げているように思えます。臨床の場は，安易に産科医の指示と承認を求めることに迎合しやすい環境にあります。正常分娩に産科医の立ち会いを常態化させていること自体，助産師が独立して診断・ケアする責任を回避しています。もっと助産師の能力を最大限に発揮していく必要があります。それは開業できる免許にふさわしい実力を身につけるということです。

　そのためにまずは助産師が複数でグループとして実践を行なうこともできるのではないでしょうか。一足飛びに助産所開業というハードルが高ければ，助産師を応援してくれる産科医と手をつなぎ，病院の外に独立した助産ケアシステムができないかと考えていました。ちょうど私は好機に恵まれ，聖路加国際病院の院外に助産施設を創る構想に関わることができました。2008年1月から準備を重ねて，ようやく2010年6月に聖路加産科クリニックが開院しました。

　病院内の助産師がもっと自立するために必要な研修や訓練の内容を考えたときにすぐに思いついたのは，妊娠が正常に経過するような身体と精神の養生法を含んだ妊婦健診であり，正常分娩の生理でした。それは生理学的なホルモン動態を熟知すること。ホルモンを味方につけて，より生理的なメカニズムを発露させる助産ケアを実践すること。そして，グレーゾーンと呼ばれるハイリスクとの境界領域にある遷延分娩と微弱分娩，破水と羊水混濁，胎児心拍数モニタリング，会陰保護と会陰縫合，予定日超過へ

適切に対応できる能力を鍛えることでした。そのためには妊娠・分娩のメカニズムを知り，予後を予測して迅速な対応を学ぶ必要性があります。これらを習得すれば，正常妊娠・分娩に関して，自立して助産師がもっと活動できるのではないかと考えました。

　生理的な現象を熟知し，妊娠・分娩が正常範囲内に留まるよう見守るには，妊産婦と助産師との命がけの相互作用が必須であり，健康であるための生活改善の努力と，過剰な医療介入のチェーン（鎖）を回避することが重要です。同じフロアにいる産科医に安易に指示や承認を仰ぐことを抑制して，正常範囲からの逸脱を助産師自身の責任で判断して，必要なときに適時の医療連携を行なうための学習は，実践を積んだ助産師にとって再度必要だと考えました。

　私は，助産道は何かと問い続けています。関わってきた女性が母親となり，成長していく様子を傍らで見守ること，女性が本来持っている能力を発揮して，生理的な能力を開花する傍らにいることが助産師の幸いです。
　助産師の一番の喜びは，子どもが誕生したときにお母さんが，「よく生まれてきたね！　がんばったね！」と家族と喜び合い，自分自身の達成感に浸っている姿を眺めることにあります。自分自身の身体と心に没頭する時間が出産であると思います。児娩出と同時に助産師が大きな声で「おめでとうございます！」と声をかけると，反射的に「ありがとうございました」とお母さんが返答するようではダメだと思うのです。分娩後お母さんが誇らしげに「ふうぅ…産まれたぁ…わたしがやった！…自分で産み出したぁ」と思ってくれれば成功です。それも，傍らにいる助産師を忘れて。
　私は黒子に徹する助産師でありたいと願っています。黒子に徹するためにも，主役に何が起こっても可能性を探りリスクに対応できる専門家としての学習の積み重ねが必須です。
　そのテキストとして，この本が役に立つことを願ってやみません。

堀　内　成　子

目 次

1章 正常分娩介助に際して知っておきたいこと

1. お産とホルモン

自然なお産に関わるホルモン ─────── 2
お産に関わる4つのホルモン　*2*
陣痛を起こすプロスタグランジンとオキシトシン　*3*
βエンドルフィンとお産との関わり　*4*
アドレナリンはお産の進行を妨げる方向に作用　*4*

2. お産の体位とリラックス法

お産の体位 ─────── 5
さまざまなお産の体位　*5*
さまざまなお産の体位での問題点　*9*
お産の体位の母児への影響　*11*

陣痛とうまくつき合う方法 ─────── 12
陣痛とは　*12*
陣痛とうまくつき合う方法　*15*

分娩中のリラックスの指導 ─────── 18
リラックスの実際　*18*
お産のときの叫び声　*18*

3. スムーズなお産のために

スムーズなお産のための11のケア ─────── 19
寄り添う，触れる，1人にしない　*19*
夫，パートナー，家族への配慮（夫・家族立ち会い出産）　*20*
温める　*21*
マッサージ，指圧　*24*
体位，散歩　*25*
心地よい環境をつくる　*26*
体力維持，体力回復　*26*
呼吸法といきみ（努責），会陰保護　*27*
分娩経過の説明　*29*
内診　*29*
破膜　*30*

4. リスクとマタニティケア

医療の介入なしに正期産の介助はどのくらいできるか ─────── 32
How safe is safe enough?　*32*
リスクの定義　*32*

  リスクの特性　*33*
  頻度概念による確率の加法性　*33*
  リスクからみていくマタニティケア　*34*
  正常な出産の定義　*35*
  院内助産施設で自然なお産ができる確率はどの程度か　*35*

COLUMN
 仰臥位分娩の再考　*37*
 歴史にみるお産の体位　*38*

2章 正常分娩の経過中のトラブルとその対処法

1. 遷延分娩と微弱陣痛

遷延分娩の原因と種類 ── 42
  原因　*42*
  種類　*43*

フリードマン曲線を用いたお産の経過把握 ── 44
  フリードマン曲線とは　*44*
  フリードマン曲線を用いた初産・経産別分娩経過　*45*

お産の経過をつかむポイント ── 46

なかなか進まないお産とその対応 ── 47
  なかなか進まないお産　*47*
  なかなか進まないお産の予測は可能か　*47*
  なかなか進まないお産への対応　*48*

遷延分娩での母児の状態評価 ── 49
  母児の評価　*49*
  母児への危険　*49*

ケーススタディ　さまざまなお産の進行とその対応 ── 50

回旋異常が疑われるときの対処法 ── 63
  分娩第1期の対応　*63*
  分娩第2期の対応　*63*

2. 破水と羊水混濁，胎児 well-being

破水入院の際の対応 ── 64
  産婦の不安に対して　*64*
  来院までの対処の指示　*65*
  情報の収集と分析　*65*

破水の有無の確認法	65
破水の診断　*65*	
低位破水と高位破水の鑑別　*66*	

破水後の羊水量測定は必要か	66

破水から娩出までの時間が長引いたときの対応	67

破水に伴う母児の感染の診断	68
胎児感染徴候　*68*	
GBS（＋）の産婦が破水して入院してきた場合　*68*	

羊水過少に伴う胎児心拍数の異常	68

羊水混濁とその問題点	69
妊娠末期の羊水の性状　*69*	
胎便と羊水混濁　*69*	
羊水混濁の頻度　*69*	
羊水混濁がなぜ問題なのか　*69*	

羊水混濁と胎児心拍数モニタリング	70
羊水混濁時の胎児心拍数モニタリング所見　*70*	
羊水混濁は胎児低酸素状態を表わさないと考えてよいのか　*70*	

羊水混濁での他の新生児合併症—MASを中心に	71
羊水混濁での新生児合併症　*71*	
MAS（胎便吸引症候群）　*71*	

3. 過期産

過期産の定義と頻度	72
定義　*72*	
頻度　*72*	

過期妊娠の捉え方の歴史的変遷	73
巨大児から過期産児へ　*73*	
病態の探求から予防的な解決をめざして　*73*	

過期妊娠の問題点	73
児への影響　*73*	

過期産児症候群とは	74

過期産での胎盤機能不全とは	75

過期産における胎児機能不全（胎児ジストレス）と羊水過少とは	76

過期産でのFGRのメカニズム	76

予定日を過ぎても児は大きくなり続けるのか	77

過期産では難産，胎児死亡，母児の罹病率が増加するか	78
予定日を超過した妊婦の取り扱い―基本的な考え方	79
妊娠41週の対応―誘発と待機はどちらが得策か	80
妊娠42週以降―誘発か待機か	80
待機時に必要なチェック	81
院内助産施設での過期産の分娩管理法	81
分娩誘発および待機群　*81*	
分娩方法の選択　*82*	
分娩誘発の方法	83
施設内に産科医がいるとき　*83*	
施設内に産科医が不在のとき　*83*	
過期産で生まれたハイリスク新生児のチェック・ポイント	83
発熱　*83*	
低体温　*83*	
低血糖　*84*	
多血症　*84*	
無呼吸発作　*85*	
黄疸　*85*	
低カルシウム血症　*85*	

4. 産婦に勧める「出産の間の自己管理」

お産についての産婦への情報	86
分娩第1期，第2期の過ごし方　*86*	
さまざまなお産の体位　*86*	
スムーズにお産を進行させるための技　*87*	
会陰切開について　*87*	
「自然なお産ができない」分娩中の異常　*87*	

COLUMN
日本人初産婦の新しい分娩曲線　*90*

3章 会陰保護と会陰裂傷縫合

1. 会陰保護

| 会陰裂傷予防につながる分娩第2期の中休み | 92 |
| 会陰裂傷軽減のための呼吸法と「いきみ」 | 93 |

分娩第2期にできる援助 ──────────── 94
会陰裂傷発生の主な原因 ──────────── 95
会陰保護と会陰裂傷発生の関連性 ──────────── 95
さまざまな分娩体位と会陰保護技術 ──────────── 96
仰臥位分娩　*96*
側臥位分娩　*99*
四つん這い分娩　*100*
スクワット（蹲踞位）　*102*
その他　*103*

2. 助産手技のニューウェーブ―会陰裂傷縫合

会陰切開は本当に必要か ──────────── 104
裂(き)れても切らないお産をしよう　*104*
医師の説明―本当にそうなのか?　*105*
分娩室での助産師と産科医の関係　*105*
会陰切開を受ける産婦の立場　*105*

会陰保護に必要な基本解剖の知識 ──────────── 106
外陰と会陰の解剖　*106*
骨盤底筋群の筋構築　*106*
外陰の血管構築　*108*
神経構築　*108*

会陰裂傷の原因と程度 ──────────── 109
会陰裂傷の分類　*109*
会陰裂傷の成因　*109*

会陰裂傷発生の必然性 ──────────── 110
会陰裂傷の発生と予防に関わる因子　*110*

会陰切開とその種類 ──────────── 110
会陰切開部位　*111*
会陰切開の厳格な適応　*111*

会陰裂傷縫合の実際 ──────────── 112
会陰裂傷縫合の準備　*112*
各器具の説明と扱い方　*112*
局所麻酔法　*115*
運針の方法と糸結び　*116*
さまざまな縫合法の実際　*120*

応用編 ──────────── 123

特別な縫合法 ──────────── 125
第3度会陰裂傷縫合法　*125*

第4度会陰裂傷縫合法　125
　　会陰切開と会陰裂傷の予後の比較————————126
おわりに————————129
索　引————————131

表紙写真：宮崎雅子　表紙および本文デザイン：高野京子

1章

正常分娩介助に際して知っておきたいこと

本書では，正常分娩とは「トラブルなく進行し，医療の介入なしに自然なお産を遂行できたこと」とします。正常なお産の進行には分娩の3要素である「陣痛」「産道」「胎児および胎児付属物」に問題がないことが条件となります。

　お産に関わる4つのホルモン，すなわちプロスタグランジン，オキシトシン，βエンドルフィン，アドレナリンがバランスよく分泌されることが自然なお産の遂行に最も関係してきます。特に産婦に不安，恐怖，ストレスを与えるようなことがあると，アドレナリンが大量に分泌され分娩を妨げます。

　また，お産の体位もスムーズなお産の進行をコントロールするのに大変役立ちます。さまざまなお産の体位を理解しておくことにより，分娩の進行状態を人為的にも調節することが可能です。

　自然なお産では陣痛はつきものですが，お産の痛みは傷の痛みなどとは異なり，ある程度自己コントロールが可能です。自然なお産では陣痛回避のための努力はとても大切です。分娩中のリラックスの指導は助産師に与えられた最大の仕事でしょう。

　自然なお産とは「放任出産」ではありません。産婦本人のセルフケア，セルフヘルプは必須のことですが，お産に関わる助産師やケア提供者が代替医療などあらゆる手段を駆使して取り組んだ結果，自然なお産が可能になるのです。

1　お産とホルモン

自然なお産に関わるホルモン

お産に関わる4つのホルモン

　お産が円滑に進むか遷延してしまうかは4つのホルモンの働きにかかっています。その4つのホルモンとはプロスタグランジン，オキシトシン，βエンドルフィン，アドレナリンです（**図1**）。これらのホルモンは自分の意思で分泌することはできません。不随意的な反応である本能的な反応，心の反応の結果として自動的に分泌されてきます。

　プロスタグランジンは分娩第1期の陣痛促進，頸管熟化に働きます。オキシトシンは分娩第2期の陣痛強化，母乳分泌に関わってきます。βエン

> **図1　分娩時の4つのホルモンの役割**
>
> | プロスタグランジン
（E_2, $F_{2\alpha}$）
陣痛促進
頸管熟化 | βエンドルフィン
鎮痛作用 |
> |---|---|
> | アドレナリン
分娩進行を抑制 | オキシトシン
分娩第2期の陣痛強化
母乳分泌 |

ドルフィンは鎮痛作用があり，陣痛の緩和に役立ちます。アドレナリンは不安や恐怖などで増加し，お産の円滑な進行を妨げる働きをします。

車にたとえると，産婦は分娩第1期，第2期の境目にプロスタグランジン，オキシトシン間でギアチェンジをして，お産を滞りなく進めるようにしています。プロスタグランジンとオキシトシンは自動車のガソリンのようなもので，母体が疲労してしまうと燃料不足に陥り，分娩進行が妨げられます。βエンドルフィンは自動車のクッションに相当し，スムーズに滞りなくお産をゴールラインに導きます。アドレナリンはブレーキのようなもので，お産の進行を遅らせるように働きます。

陣痛を起こすプロスタグランジンとオキシトシン

陣痛を起こすホルモンとして，プロスタグランジンとオキシトシンの2種類があります。このうちプロスタグランジンにはE_2（以下，PGE_2）と$F_{2\alpha}$（以下，$PGF_{2\alpha}$）があります。

PGE_2は主に羊膜で産生され，頸管熟化を促進します。胎児からの分娩開始の信号が羊膜に伝えられると陣痛が開始します。破水すると羊膜が破れ，そこからホルモンが分泌されるため陣痛が発来するのです。一方の$PGF_{2\alpha}$は主に脱落膜で産生されます。羊膜と子宮筋層の間にずれが生じると，その間に存在する脱落膜が傷つき，そこから分泌された$PGF_{2\alpha}$により子宮筋の収縮が増強され陣痛が促進されるのです。オキシトシンは子宮口が全開大した分娩第2期から，脳下垂体後葉より分泌されます。$PGF_{2\alpha}$とオキシトシンは頸管熟化には働きません。

分娩時羊水中プロスタグランジン濃度，血中オキシトシン濃度と子宮口開大の進行との関係をみると，プロスタグランジンは分娩第1期に，オキシトシンは分娩第2期にと明確に分かれて分泌されています[1]。

アンドレア・ロバートソン[2]は，分娩第2期のオキシトシン分泌は，前

方後頭位で胎児後頭部が恥骨結合内の前腟内壁の敏感な「Gスポット」と呼ばれるところに押し当てられたため生じると述べています。後方後頭位では陣痛が弱くなるのは，頭部が逆向きとなるのでGスポットへの圧迫が少ないためかもしれません。

βエンドルフィンとお産との関わり

βエンドルフィンはモルヒネの何倍もの鎮痛効果があり，「神様の贈り物」といわれています。穏やかなお産をすると初産婦の約80％，経産婦の約50％以上に「眠気」が観察されますが，これはβエンドルフィンがよく分泌されていることを示すものです。βエンドルフィンは主に脳幹から分泌されます。

さて，陣痛開始後のβエンドルフィンの効果にはどのようなものがあるでしょうか。エンドルフィンが分泌されると，その鎮痛作用により産婦の身体の中には肉体的なスローダウンが始まります。産婦はお産の場に落ち着いて心が自分の内側に向かい，陣痛の間欠時には目を閉じて穏やかな様子で全身リラックス状態となります。

産婦がもしお産の最中に眠くなったときはエンドルフィン・ハイの状態であり，そのときは無理に起こそうとせず，あるがままの状態にまかせてあげましょう。

アドレナリンはお産の進行を妨げる方向に作用

アドレナリンを放出させる原因はいろいろなものがあります。病院の玄関に足を踏み入れただけでアドレナリンを分泌してしまう妊婦もいます。陣痛発来後では，悪いお産の環境，居心地の悪い体位，医療従事者から発せられる恐怖心をあおるようなコメント，陣痛促進薬による人工的な陣痛の増強などもアドレナリンの分泌を増加させます。

アドレナリンが大量に放出されると血圧が上昇し，脈が速くなります。呼吸も速くなり，震えが来て寒気を感じるようになり，熱が出ます。目をカッと開いて医療従事者と目と目を合わせるアイコンタクトをとろうとします。そして，落ち着きがなくなり，動揺し，興奮して叫び，恐れや不安感を口にするようになります。ついにはお産を遅らせる機能が動き出し，お産が遷延してきます。

通常はお産が遷延すると陣痛は弱くなってくるものですが，アドレナリンの作用により陣痛が遅れたときには弱まらず，むしろ強まります。実際には子宮の収縮はそれほど強くならないのに，痛みだけが異常に強くなるのです。これはアドレナリンが分泌されると末梢血管抵抗が強まるため，末梢の血流の低下につながるからです。子宮に流入する血流が減少すると

子宮筋層内は虚血になり，虚血状態になった子宮筋が収縮すると子宮に痛みを感じます。

このメカニズムは心筋梗塞や狭心症に似ています。冠動脈閉塞により血液の供給が心筋に及ばなくなると心臓に激痛が生じますが，子宮も心臓と全く同じように虚血により痛みが増強するのです。産痛の原因の多くはアドレナリン分泌が影響しています。

以上の4つのホルモンを十分に理解し，できるだけβエンドルフィンの分泌を促進してアドレナリン分泌を抑制できるようにすれば，スムーズにお産を進めることが可能です。

2 お産の体位とリラックス法

お産の体位

さまざまなお産の体位

お産の体位にはさまざまなタイプがありますが，実際の場面ではどれにするかというものではなく，自然なお産の流れの中で産婦が一番過ごしやすい体位を選んでもらえばよいのです。産婦は自分の置かれた状況に身体を自然に合わせるようになります。

ただし，これから説明するお産の体位は，産婦があらかじめ知っていなければ使うことができないので，母親教室などを利用して練習し，よく理解してもらうように指導することが大切です。

お産の体位には，大きく分けると体幹直立位と体幹水平位があります。このうち，主な体位を図2に示します。

●体幹直立位
①立位
②坐位
③スクワット（蹲踞位）
④膝位

●体幹水平位
①側臥位
②膝肘位（四つん這い）
③仰臥位

図2 さまざまなお産の体位

立位　　　　坐位　　　スクワット

側臥位　　膝肘位（四つん這い）　　仰臥位

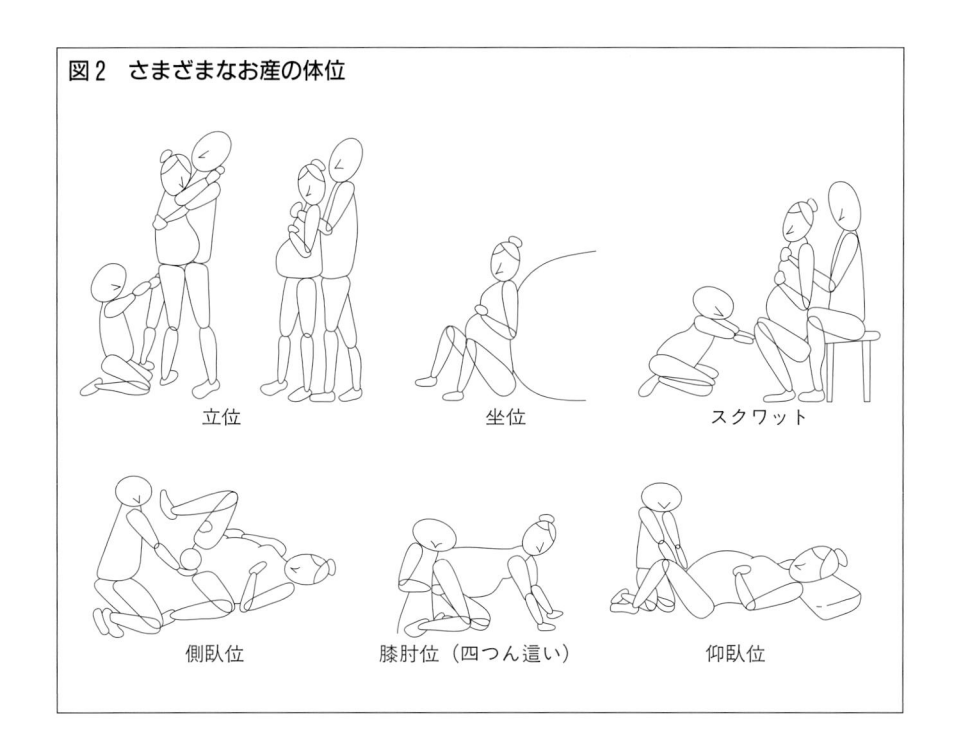

④腹臥位
⑤半臥位

　これらのうち，よく使われる主な体位について説明します。

立位（立ち産）

　立った姿勢のままするお産です。お産が長引き，児頭がなかなか下がってこないときに自然に立ち上がってお産をする産婦がいます。著者の経験では，分娩台の上で仰臥位をしていた産婦が突然分娩台から下りて，壁にもたれかかって立ってお産をした方がいました。

　立ったままお産をするときには，夫またはパートナー，あるいはお産の介助をする以外の助産師に正面から抱きかかえてもらうようにしたり，背後からわきの下に腕を回して支えてもらったり，正面から腕を回して首にぶら下がれるようにするとよいでしょう。支えてくれる人がいないときには，壁に背中からもたれかかったり，両腕を伸ばして壁に当てて身体を支えたりするよう指導します。

　立位では胎児が重力を有効利用することができ，分娩時間の短縮につながります（図3）。大変いきみやすく，軽いいきみでも児の下降が促進されます。また，支えてもらうことで，夫やパートナーが出産に参加できたという充実感を手に入れることも可能です。しかしデメリットとして，急速遂娩になりやすいことと，陰裂（腟の出口）が下方を向いていて会陰部が見えにくいため，会陰保護に注意が必要なことがあげられます。

図3 立位

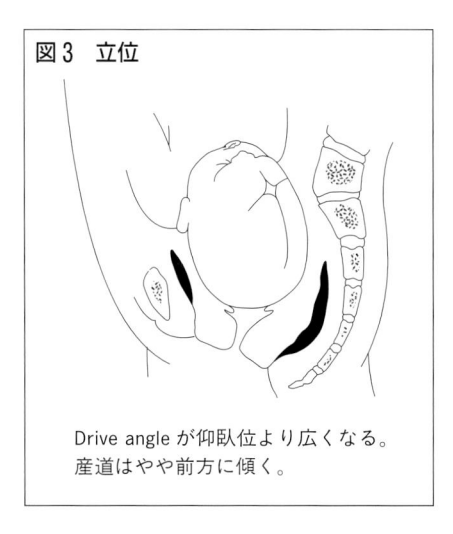

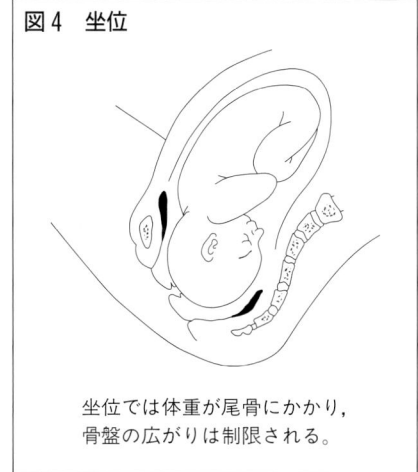

Drive angle が仰臥位より広くなる。産道はやや前方に傾く。

図4 坐位

坐位では体重が尾骨にかかり、骨盤の広がりは制限される。

坐位

　背中を起こして座ってするお産です。この体位は骨産道が広がり、腹大動脈，大静脈への圧迫が少なく，子宮への血液の循環もよいので，胎児が酸素不足になることはめったにありません。ほかの体位に比べて腹圧が最高になり，胎児娩出にとても有利です（図4）。しかし，長い間坐位分娩台の上で坐位を続けていると外陰部が腫れて胎児が出にくくなります。

　ヨーロッパでは19世紀にお産椅子（分娩椅子）がすたれましたが（38頁コラム参照），それを教訓にどんなに素晴らしい坐位分娩台でもお産の最中に1つの姿勢に固定するのはよくないということがわかりました。坐位分娩台を使用するときは分娩第2期に限り，なるべく短時間で終了するようにしましょう。

スクワット（蹲踞位）

　お相撲さんが土俵の上で膝を曲げて向き合うときの"仕切り"の姿勢です（図5）。大腿部にとても負担がかかり，1人で同じ姿勢を続けることは困難なので，夫またはパートナーは中腰か膝を立てた姿勢で産婦を支えなければならず，介助者に負担がかかる体位です。背もたれのない椅子を用意して，介助者が腰掛けて産婦を支えると便利です。

　この姿勢は産婦の股が大きく開いているので，児頭が陰裂より出てくる発露の時期になると自分の手で赤ちゃんの頭に触れることができ，お産の進行を確認することが可能です。生まれた後もすぐに産婦は自分の腕に赤ちゃんを抱きかかえることが容易で，アイコンタクトも可能です。

　股を十分に開く形となるうえ，重力が胎児の下降に有効に働き，お産の進行がスムーズになります。会陰部が弛緩しやすく，骨盤内部の圧力が最大となり，無理にいきむ必要もなく，腹部大動脈，大静脈への圧迫がない

図5　スクワット

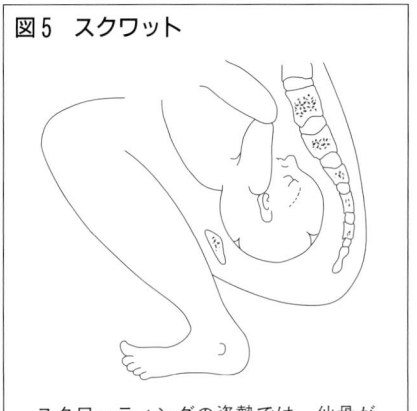

スクワッティングの姿勢では，仙骨が後ろに動き骨盤出口が広がる。産道はほぼ垂直。

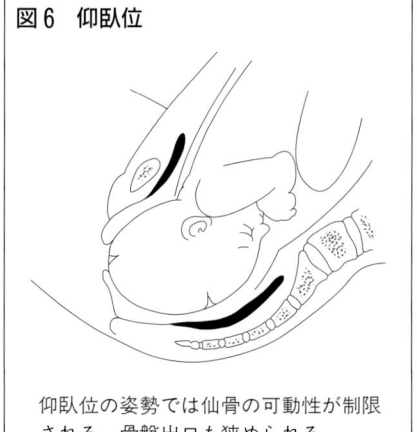

図6　仰臥位

仰臥位の姿勢では仙骨の可動性が制限される。骨盤出口も狭められる。

ため，胎児への酸素供給がスムーズに行なわれて胎児が酸欠になることはありません。胎児の下降にも理想的な向きといえます。

側臥位

　側臥位は，仰臥位（図6）から容易に変更できるので，仰臥位以外の体位では最も好まれる体位です。わざわざ分娩台から下りる必要もなく，分娩台の上で体位を変換できます。左右どちらを向いてもよいのですが，腹大動脈，腹大静脈の圧迫を軽減できる左側臥位のほうが，胎児を酸素欠乏から守るためには有利です。

　発露のときには上になった側の大腿部を持ち上げなければなりません。自分の腕を膝に回して持ち上げてもよいし，夫やパートナーに支えてもらってもよいのですが，通常は助手の助産師が持ち上げます。

　側臥位では陣痛は穏やかになり，お産の進行がゆっくりとなるので，早く赤ちゃんを産む必要のあるときには有効ではありません。しかし，お産の進行が緩やかであるぶん，会陰裂傷発生頻度は少なくなります。

膝肘位（四つん這い）

　腰痛を訴える産婦にはとても適した体位です（図7）。お産の介助者も会陰部がよく見えるので介助がとてもしやすく，産婦も精神的に落ち着きます。股関節脱臼などの既往があり股を十分に広げられない人でも経腟分娩が可能です。

　ただ，産婦と助産師がお産の最中に目と目を合わせられず，産婦の表情を捉えにくいのが難点です。また児頭娩出時に顔が真上を向いているので，混濁羊水を嚥下したり母親の便で汚れたりすることを防がなければな

図7 膝肘位（四つん這い）

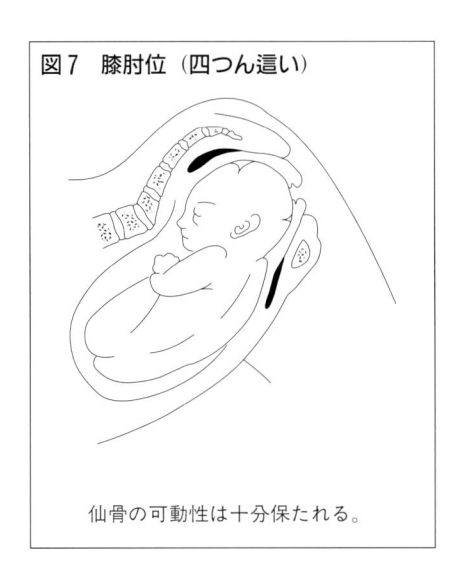

仙骨の可動性は十分保たれる。

りません。さらに児娩出後では子宮の収縮状態を確認しづらいため，分娩第3期に注意が必要です。

　四つん這いでお産をした産婦はとても楽だったと言います。お産直後に股の間から赤ちゃんを取り上げ自分の腕で抱くことができます。赤ちゃんを抱っこしたらそのまま仰臥位になると胎盤娩出に有利で，カンガルーケアもできます。

さまざまなお産の体位での問題点
胎児の心音を聞きにくい
　分娩監視装置は仰臥位分娩用に作られたものであり，その他の体位ではとても使いづらくなります。装着する際には産婦のお腹に2本の太いバンドを巻きます。1本は心音を聴取するため，もう1本は子宮の収縮（陣痛）をモニターするためです。バンドの内側で最も胎児の心音を聞きやすい場所と子宮の最も膨らんだ場所に，心音モニターと陣痛モニターのプローブを装着します。この両方のプローブにつながっている長いコードが本体に接続されています。このコードで産婦の身体と分娩監視装置がつながっているため，分娩台の上の産婦は身体を自由に動かすことができません。そのため自由に身体の向きを変換させるフリースタイルの出産では分娩監視装置の使用は困難なのです。

　テレメーター方式（コードを使用せずに電波を飛ばしてモニターする）の装置があればよいのですが，ない場合は超音波ドプラーで間欠的に胎児の心音を聴取することになります。この方法でも胎児の心音は把握できますが，心音を聴取するお腹の部位が四つん這いでは下向き，側臥位では横向きなど，聴取部位を探すのにコツが必要です。

仰臥位，側臥位以外のお産は分娩台から下りなければならない

　立位にしてもスクワットにしても，分娩台に乗っている産婦は台から下りなければなりません。坐位は分娩台をちょっと操作して背もたれを起こせばでき，四つん這いは少々狭くなりますが分娩台の上でしようと思えばできます。でも分娩台から下りたほうが安心して体位をつくれます。

　一番よいのはお産の部屋が畳であることです。畳の部屋に普通の布団を敷いてお産に臨めばあらゆる体位に対応できます。最近では多くの施設に畳の分娩室が作られていますが，畳の分娩室がない場合は，フリースタイル出産用に分娩台横の床に敷くビニールシーツを用意すれば，それで十分です。

お産の介助の仕方が体位により異なる

　お産の介助は分娩介助者の手にゆだねられます。仰臥位では正面介助，側面介助があり，側臥位では上になった大腿部を持ち上げて支える介助者が必要です。四つん這いでは児頭の出てくる方向が仰臥位と異なり胎児の顔が上を向いて出てきます（胎児は母親の肛門を見ながら出てくるので，お産の介助者は母親の便が胎児の口や鼻に入らないように肛門保護をする必要があります）。しかし，多くの場合，母親の便は児頭娩出直前に出るので，すみやかに取ればよいのです。胎児は自らの通り道を広く作ってから出てくるのです。

　このように，体位によって介助の仕方が異なるので，助産師は分娩介助技術の習得が大切なのです。

産科手術操作が困難

　立ったり，座ったり，横になったり，四つん這いになったりとバラエティに富んだお産の体位ですが，1つだけ困ったことがあります。それは吸引分娩や鉗子分娩を行なうとき，仰臥位分娩以外はとてもやりにくいことです。また，児頭は出たものの肩が引っかかって出てこない肩甲難産になったときも，仰臥位が一番対応しやすい体位です。仰臥位をとると産婦の両脚をお腹に引き寄せて骨盤を広げ，陰裂を伸ばすマックロバーツの体位をとることができます。この体位は児の娩出を容易にします。もし万が一胎児に異常が生じたときは臨機応変に対応することができるよう，いつも心がけておきましょう。

点滴を装着しにくい

　最近の産科医療ではお産に際して出血などのトラブル回避のため，あらかじめ5％のブドウ糖を点滴しておくことが常識になっています。しかし

WHOは1985年に「ローリスクで正常分娩が期待できる産婦に対しては，無批判的にルチーンの血管確保をすることはやめるべき」と国際勧告を出しました。お産に際しての予防的処置として血管確保をしておくことには問題があるのでしょうか。

　約10％のお産では500 mL以上の出血を伴います。もちろん腕に針を刺す血管確保を積極的に希望する産婦はいないでしょう。しかし，万に一人ということがあるのです。今でもお産での母体死亡は出血が一番の原因です。お産の最中には大量に汗をかき脱水傾向になる産婦もいます。水分補給が不足すれば，産後に肺塞栓症という生命に関わる恐ろしい病気に罹る危険もあります。お産の最中に子癇発作を起こしてショックに陥ると血管確保が困難になります。「運」を選ぶか「血管確保」を選ぶかは産婦しだいです。

　「自然なお産」に挑戦される産婦は，万全の体制のもとでお産に臨むので血管確保は必要ないかもしれません。もしも著者が産婦に付き添っているのであれば，産婦が希望しなければ血管確保はしません。しかし産婦に付き添う医療従事者のすべてが，あらゆる異常に対応できるスーパーマンとは限りません。もし産婦に納得してもらえるのであれば，本音を言えば著者がそばに付き添う場合でも点滴はさせていただきたいものです。

　点滴針を留置して血管を確保しておいて，必要なときだけ点滴するという方法もあります。血管確保は安全なお産の遂行と安心のための試練と考えることもできないわけではありません。

お産の体位の母児への影響

　お産の体位が直立位であるか水平位であるかにより，①児頭の下がり方，②胎児に酸素不足が生じるかどうか，③陣痛，④子宮口の開大と外陰部の開き方，の4つの点に影響してきます。

児頭の下がり方への影響

　母親の脊椎と胎児の縦軸のつくる角度をドライブ・アングルといいますが，この角度が広ければ広いほど児頭は下がりやすくなります。すなわち，水平位より直立位になればなるほど児頭は下がりやすくなるということです。

　仰臥位では仙骨の可動性が制限され，骨盤の出口が狭くなり，陰裂は上を向き，児頭の通り道である産道は上り坂のようになるので，産婦は胎児を産み出すのに努力を強いられます。お産の進行を早くしたいと思うときには立位，坐位やスクワットの選択が有効です。

胎児の酸素不足への影響

　産婦の下半身に動脈血を送り出し，また末梢を巡った後の静脈血を心臓まで戻す腹部大動脈と大静脈は，第5腰椎のところで左右二股に分かれています。そのためお産のときに産婦が仰臥位をとると，胎児を入れた重い子宮と腰椎の硬い骨が上下から腹部大動脈，大静脈を圧迫し，子宮に行く血液の流れが抑えられて胎児が酸素不足になることがあります。また，初産婦では腎静脈が圧迫されると血圧が上昇することがあります。これらを予防するためには，理論的にはお産のときに仰臥位をとらなければよいのです。

　仰臥位を好む産婦は仰臥位をとってもかまいません。ただし，胎児の心音が悪くなり血圧が上昇したら，体位を側臥位に変換するよう指導しましょう。

　ちなみに，理論的に一番血管の圧迫のない体位は四つん這いです。

陣痛への影響

　お産の痛み（陣痛）はお産の体位によって軽減できるわけではありませんが，分娩第1期では立って歩くこと，分娩第2期では仰臥位を続けないことが陣痛軽減に効果的です。また，四つん這いの体位をとると腰痛がかなり軽減します。

陰裂の広がり方への影響

　お産の体位による陰裂の開く形状の変化を調べた研究では，四つん這いの姿勢をとると児頭による圧迫が左右上下に均等にかかるため，発露では陰裂は円形に開き，分娩介助者が的確に児頭の誘導を行なえば陰裂の裂傷を少なくできることがわかりました。

　側臥位ではお産の進行がゆっくりとなり陰裂の広がり方も穏やかなので，会陰裂傷を回避できるか発生しても小さくてすみます。立位や坐位などの体幹垂直位では陣痛は強く児頭の下降も早いので，陰裂に強い圧力がかかり裂傷が大きくなることが予想されます。このようなときは会陰保護を行ないますが，助産師の腕の見せどころです。

陣痛とうまくつき合う方法

陣痛とは
痛みはなぜ生じるのか

　国際疼痛学会は，痛みを「組織の実質的ないし潜在的な傷害に関連した不快な感覚的，情緒的体験」と定義しています。これでは難しくて何のこ

図8 痛みを感じる経路

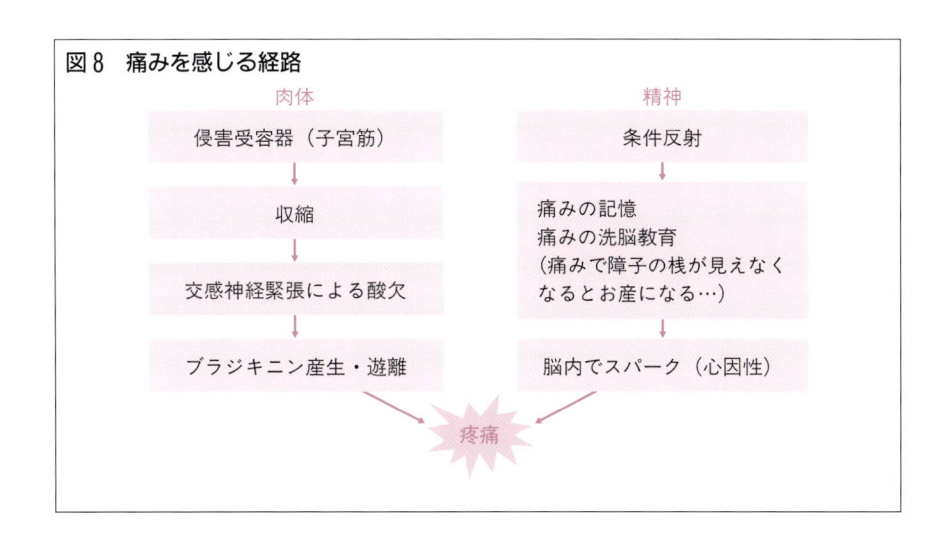

肉体
- 侵害受容器（子宮筋）
- ↓
- 収縮
- ↓
- 交感神経緊張による酸欠
- ↓
- ブラジキニン産生・遊離

精神
- 条件反射
- ↓
- 痛みの記憶
- 痛みの洗脳教育
- （痛みで障子の桟が見えなくなるとお産になる…）
- ↓
- 脳内でスパーク（心因性）

→ 疼痛

とをいっているのかよくわかりませんので簡単に要約すると、「組織が引き伸ばされたり、圧迫されたりして傷ついているので、早く何とかしてほしいと訴えている警報」が痛みなのです[3]。

痛みは、痛んでいる場所に出現するものと、脳が感知して発するものの2つの経路で感じます（図8）。

陣痛とは

陣痛とはお産の間にのみ産婦が感じる痛みで、子宮収縮に伴う周期性があり、お産の開始から終了までその様相が刻々と変化するので、一時期を捉えただけでは実体をつかむことができません。

陣痛が生じる局所的なメカニズムとしては、子宮体部と底部の筋線維がその間を走る神経終末を圧迫すること、子宮が収縮したときに子宮の筋層内に血液が流れなくなり筋肉の虚血が起こること、子宮頸部が児頭で圧迫されて開くときに免疫学的な炎症反応が起こることなどが挙げられています。もう1つは、「この間欠的な痛みは、いつまた襲ってくるのだろうか」という不安と、その痛みに耐えがたい場合に痛みに対する恐怖が生じ、これらの不安と恐怖が交感神経系の過剰活動を引き起こしてゲート（門）が開き、脳に伝えられ痛みとして感じるものです。

ゲートコントロール理論[4]とは

脊髄後角にはゲート（門）があり、細い神経に痛み刺激が伝わると門が開き、脳が痛みを認知します。太い神経への触覚、圧覚刺激では門が閉じ、脳は痛みを感じません（図9）。

お産のとき門が開く（脳が痛みを感じる）のは、
・マイナスの気分

図9 ゲートコントロール理論

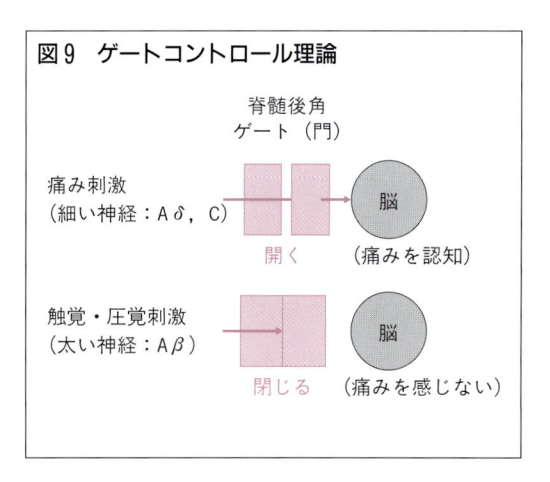

痛み刺激
（細い神経：Aδ, C）
脊髄後角
ゲート（門）
開く → 脳（痛みを認知）

触覚・圧覚刺激
（太い神経：Aβ）
閉じる → 脳（痛みを感じない）

・くよくよしている
・ストレスが多い
・不安・心配
・怒り

などの状態にあるときで，門が閉じる（脳が痛みを感じない）のは，

・心がリラックスしている
・安定した心の状態
・楽しいとき，幸福感
・気分がよい
・十分な睡眠がとれている

などのときです。

　ゲートコントロール理論を用いて陣痛を軽減させるには，心穏やかにリラックスした状態でお産に臨むことと，太い神経であるAβ神経を刺激することです。そのためには腰などの局所を握りこぶしや硬式テニスボールなどで圧迫したり，さすったり，なでたりすると痛みが軽減します。

陣痛は分娩期で性質が異なる

　分娩第1期は陣痛発来から子宮口全開大まで，分娩第2期は子宮口全開大から胎児娩出まで，分娩第3期は胎児娩出後，胎盤娩出までの間をいいます（44頁）。分娩第1期は胸神経（$T_{10\sim12}$），腰神経（L_1）が関与し，分娩第2期の痛みには仙骨神経（$S_{2\sim4}$）が関与しています（図10）。

●分娩第1期の痛み

　子宮体部が収縮し，子宮下部が伸展され，子宮頸管が開くことによる痛みで，しめつけられるような，重苦しい，ジーンとする，ズキズキする，ピーンと痛みが走るといった特徴があります。痛みは腰から下腹にかけて

図10 産痛と関与神経

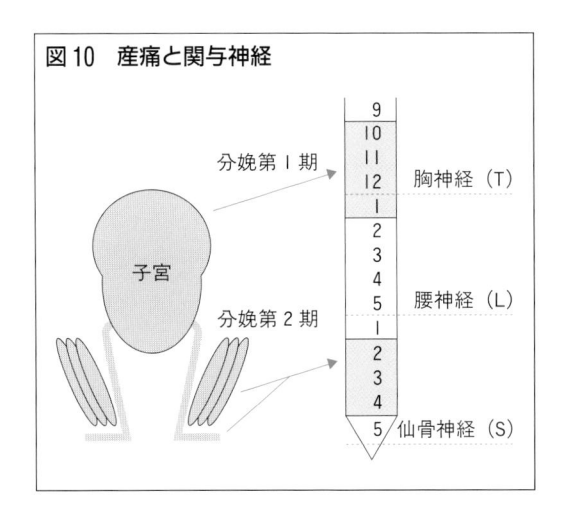

生じます。

● **分娩第 2 期の痛み**

子宮の出口が全部開き，児頭の下降による骨盤底や外陰部・会陰部が伸ばされて圧迫されたときに発する痛みで，割れるような，押しつぶされるような，突き刺すような痛みとして感じます。痛みは腰全般，下腹部，外陰部，肛門周囲にまで広い範囲に及びます。

● **分娩第 3 期の痛み**

赤ちゃんが産まれた後，胎盤が出るときに子宮頸管が開くときの痛みで，引き裂かれるような，引きちぎられるような痛みです。痛みは外陰部周囲が中心で，下腹と腰の一部にも生じます。

このようにいろいろな種類の痛みを感じるのは，子宮の筋肉に痛みを感じる受容器というものがあるためです。この受容器である神経線維には，無髄神経線維と有髄神経線維の2種類があります。無髄侵害受容器のC線維は70％を占め，線維径が細く，ゆっくり痛みが伝えられ，産婦は灼熱痛，鈍痛として感じます。有髄侵害受容器のAδ線維は30％で，線維径が太く，早く痛みが伝えられ，鋭い痛みとして感じます。

陣痛とうまくつき合う方法

インターネットを開いてみると，お産経験者の陣痛対処法として以下のようなものが目につきました。

・仁王立ちになったら楽だった。
・歩くとよい。
・仰向けはつらい，横向きがよかった。
・身体をゆらゆら揺らした。
・深呼吸をした。

- 息を吐くとよかった。
- 呼吸に意識を集中した。
- ひたすら腹式呼吸をした。
- 声を出した。
- リラックスすること。
- 硬式テニスボールで尾てい骨をグリグリした。
- 腰を押してもらう（さすっても効かなかった）。
- 背中と腰に使い捨てカイロを当てた。
- 肛門のまわりを押さえてもらうとよかった。
- 誰かにそばにいてもらうと安心できた。
- トイレに座るとよかった。
- 赤ちゃんに会えると思うこと。
- 赤ちゃんが順調に下がってきていると思うこと。
- 陣痛間隔をチェックし続けた。

　このように，体位をいろいろ変えること，呼吸法の試み，痛みの存在する局所の圧迫や保温，そばにつき添う人の存在，イメージトレーニング，何かに意識を集中するなどが主なものでした。これらは産婦たちの真実の声でしょう。これらの声をもとに，陣痛にどう対処していったらよいか考えてみましょう。

　陣痛は無痛分娩でもしない限り消すことはできません。現在わが国を含め世界で行なわれている無痛分娩のほとんどは，硬膜外麻酔によるものです。熟練した医師が行なう硬膜外麻酔は危険ではありませんが，神ならぬ身では万が一に何が起こるか予測できません。

　「自然なお産」に挑戦する施設では無痛分娩は行ないません。産婦の身体の中に潜む力を鎮痛薬は抑えてしまうからです。薬で人工的に痛みを消すという方法は，痛みと共存して痛みの中に"あるがままの自分"を見出し，痛みを乗り越えることにはならないからです。薬は産婦の身体の内に潜む力を抑えてしまいます。身体に内在する力を信じ，勇気をもって陣痛に向かうことができるよう，助産師には適切な指導が求められます。

陣痛とうまくつき合おう

　お産とは肉体的な変化だけでなく，いままで経験したことのない空前絶後の精神的変化の到来，すなわちスピリチュアル・エマージェンシーの状態です。単に硬膜外麻酔などで局所の痛みを除けばよいというものではありません。お産の痛みは潜在意識の中で眠っていたライトボディ（本当の自分の肉体）の覚醒につながります。痛みの波は力の波に変換され，女性をよりたくましく変貌させてくれるでしょう。

しかし，強い痛みに対してただ我慢を強いることは心のトラウマにつながり，育児行動，親子関係に蹉跌を引き起こします。助産師はありのままの陣痛を受け入れながら，それを乗り切るよい方法を産婦とともに探していきましょう。

産婦の眠気とβエンドルフィン

人間には，脳内に痛みを緩和させる物質を分泌する能力が備わっています。それはβエンドルフィン，ドーパミン，セロトニンなどの脳内麻薬物質です。

βエンドルフィンは鎮痛・麻薬作用があり，神経の安定をもたらします。ドーパミンは喜びや快楽を感じる物質で，過剰に分泌されると幻覚・妄想などが生じます。セロトニンはドーパミン，ノルアドレナリンなどの情報をコントロールする物質です。

βエンドルフィンはモルヒネの何倍もの鎮痛効果があり，神様の贈り物といわれています。お産のときに初産婦の80％，経産婦の50％に眠気が観察されます。以前のラマーズ法では，お産の最中に目を見開いていきむことが推奨されていました。これを視焦点法といいましたが，その後これはβエンドルフィン分泌に伴う眠気を妨害するもので，非生理的であることがわかりました。

陣痛の回避—リラックス

お産のときの心理的状態が子宮頸管の開大を抑制すると考えられ，難産の要因としてお産に対する恐怖心が重要であると，リード[5]は「恐れ・緊張・痛み症候群（fear-tension-pain syndrome）」を提唱しました。

精神の集中とリラックスの方法として，禅では瞑想（内観の秘法），ヨーガでは瞑想（ディアーナ），気功では静功（内求法）などがあります。リラックスの方法としては，心地よい音楽を聴くのも効果的です。小川のせせらぎや森の中を吹き抜けるそよ風などと同じようなゆらぎ成分の含まれた心地よい音楽を聴くと，脳波がα支配の状態になり，脳波がα波状態になるとβエンドルフィンが脳内に分泌されます。

リラックスするためには心身統一の状態をつくることが必要です。気を集中して「いま・ここ」を実感するようにします。身体はお産の場にとどまっていますが，心は一瞬のうちに過去にも未来にもどんな場所にも飛ぶことができます。しかし身体は「いま・ここ」にしかいられません。心ここにあらずでは心が身体を裏切った状態になります。心がこの場を離れずにいれば，さまざまな不安や恐怖が消え去り，気力が充実し，体内に生命の躍動を感じるようになります。

分娩中のリラックスの指導

リラックスの実際

　姿勢はどうでもよいのです。眠り込まないように，同時に緊張も最小限になるように，楽に座りながら首をまっすぐに保ちます。そのまま眼をつぶって，じっと自分の呼吸の音を聞きます。静かにしているとどんどん聞こえにくくなりますが，「耳で聴かずに心で聴く，心で聴かずに気で聴く」というようにして自分と一体となっていくと，聴いている自分と聴かれている呼吸の区別がわからなくなっていきます。

　このようなリラックスのための瞑想状態を毎日実践するように指導してください。

お産のときの叫び声

　お産のときに叫び声を出す産婦がいますが，叫び声を出すこと自体は決して悪いことではなく，声を出すのは息を吐くのと一緒ですから，リラックス法の1つと考えてよいでしょう。お産のときの大きな声は「野生の叫び」です。完全な動物としての自分を見出したようなものです。

　お産そのものがワイルドな体験なので，リラックスのために叫び声を発するのも悪くないと思います。

　でもお産の最中に絶え間なく大声を出し続けていると，寄り添う助産師や産科医は自分たちの力が及ばないのかと自信をなくしてしまいます。ですから，産婦は大声を出すこともあり得るということをよく話し合っておくとよいでしょう。

3 スムーズなお産のために

スムーズなお産のための 11 のケア

　「自然なお産」を遂行するにあたっては，できるだけ医療行為をしないことが原則です。これは産科医がいなくてもお産ができることを前提としてお産に臨むからです。ではスムーズなお産の遂行に助産師レベルで実施できるものを説明しましょう。

寄り添う，触れる，1人にしない

　お産は誰が寄り添おうと，産む人自身の命をかけた孤独な行為です。新しい命を産み出すという希望もありますが，つらい陣痛を乗り越えなければならず，悲観的な気持ちに落ち込むことも少なくありません。お産は初産婦で12時間，経産婦で6時間の短いドラマですが，そこでは多くの葛藤が起こります。

　寄せては返す陣痛の波が強く繰り返すようになると，産婦は「自分だけがなぜ」という思いから次第に孤独を感じるようになります。そのときにそばに付き添う人の存在は大きな意味を持ってきます。最近では夫や家族の立ち会い出産が普通に行なわれるようになりました。でも，必ずしも夫や家族の存在が産婦の心を癒してくれるわけではありません。

　お産の場で産婦にとって最も頼りになるのは，自分と同じ目線で話ができ，自分を否定することなく，ありのままを受け止めてくれる人の存在です。それが助産師です。助産師はお産の専門職です。産む人の立場で考え，いま向き合っている陣痛はどの程度のものか，それをどのようにして乗り越えることができるか共感に努められる存在です。

　寄り添う助産師は，「つらいですね」「痛いですね」「苦しいですね」と産婦の思いを肯定するでしょう。しかし産婦の言葉をすべて肯定するのではなく，悲観的な言葉にはやさしく穏やかに否定し，よい方向に導くこともあります。肯定だけしていれば簡単ですが，それでは「この助産師は本当に私のことを理解してくれているのかしら」と産婦は疑い始めます。話を聞き，受け入れ，理解しながらも，助産師は自分の考えをはっきりと述べると，産婦に「この助産師は私のことをちゃんと理解してくれている」と安心感を持ってもらうことができ，そこから互いの信頼関係が芽生えて

いくのです。

　どんなに気心が知れた仲でも，何時間も一緒に過ごせば会話は途切れがちになります。そんなときには言葉少なく，ただ手をそっとにぎり，目線を合わせて，相槌を打つだけでも心が通じます。寄り添う，触れる，1人にしないこと…これが共感であり受容です。

　助産師はちょっと席を離れるときにも，「○○にちょっと行ってきます。すぐに戻りますから心配しないでね」と産婦に声をかけることが大切です。可能であれば「寄り添い切る」ことが一番よいのです。お産の始めから終わりまで寄り添い遂げるのが一番の信頼関係につながるのは当然ですが，これは助産院や自宅出産では可能でも，施設内に勤務する助産師には勤務時間の制約があり難しい面があります。自分の勤務時間内は思いっきり寄り添い，時間内に生まれなければそれまでの経過を交代する助産師に丁寧に引き継ぎ，交代を産婦に説明することで，安心してお産に臨んでもらうことが可能になります。

夫，パートナー，家族への配慮（夫・家族立ち会い出産）

　お産はもともと生理的で自然で社会文化的行為と考えられますが，分娩室は決して日常と連結したものではありません。そこは非日常的な場であり，以前は夫や家族の誰もが垣間見ることのできない「密室」でした。しかし，最近ではお産の場に夫や家族が立ち会うことができるようになりました。それまで夫や家族の立ち会いは助産行為や医療行為に支障が大きく，また清潔区域への外部者の入室は問題があると考えられてきました。しかしお産は家族の中での行為であり，たとえ医療施設であっても夫や家族を拒否する理由はないと考えられるようになったのです。

　分娩室で最もあってはならないのは「孤独」です。それを克服するのに「サポート役」が必要なことは事実でしょう。また，そのサポート役を選ぶ権利は産婦にあります。もちろん1人でいるほうがお産に取り組みやすいと考える産婦には夫・家族の立ち会いは不要です。助産師が寄り添いきちんと面倒をみてくれるとわかると，1人で産むことを選択する産婦も大勢います。

　立ち会う夫や家族は「両親学級」や「家族学級」で立ち会いの勉強をしておくことが大切です。心の準備ができていないまま病院のルールを知らずに立ち会うと，不満などが湧き上がってくることがしばしばあります。そして事前の説明は立ち会う人のショックを和らげてくれます。

　立ち会いを行なう場合には，夫や家族の心配を彼らが声を出して表現できるように，助産師や医師は心配りをすることが大切です。ほんのちょっとした何気ない行為でも，非医療者には重大なことのように思えるからで

す。

　非日常的なお産の場では，産婦は大声をあげ苦痛にのたうちまわるかもしれません。しかし，分娩経過がどのようなもので，どの時期にどのような反応が産婦に生じるかを事前に説明しておけば，夫のショックや心配は軽減されることでしょう。

　子どもが立ち会う場合は，子どもが自発的に立ち会いを希望しているのかどうかの確認が必要です。産婦が子どものことを気にしながらお産に臨むことは避けなければなりません。お産に集中すべきパワーが損なわれるからです。しかし子どもがそばにいるほうがリラックスできるという産婦なら，子どもの立ち会いも問題ではありません。著者は妊娠中「赤ちゃん返り」をしていた上の子がお産に立ち会うことで突然りっぱなお兄ちゃんになった例をたくさん見てきました。命の誕生という感動的な経験に立ち会うことは，子どもの精神の発達に有効であっても決して悪いことではありません。

　なお，立ち会う夫や家族が横になって休むことのできる場所もつくっておきましょう。また子どもは長時間の陣痛の間にくたびれたり，飽きたりするものです。子どもの遊び相手や世話をする人を確保しておくことも大切です。

温める

　身体が冷えてしまうと全身の循環が滞り，疲れが取れにくくなり，血管に老廃物がたまります。冷えにより有効な陣痛が得られなくなることがありますから，全身の保温はとても大切です。

　特に下肢の冷えはお産の進行を妨げるので，陣痛が強すぎたり弱すぎたりした場合は半身浴や足浴などが効果的です。アロマテラピーを含めて積極的に行ないましょう。腹部や腰部の冷えは陣痛に伴う不快感を増強させるため，使い捨てカイロやホットパックでの局所保温も有効です。使用の際には低温やけどに気をつけましょう。また，足首の冷えは全身の冷えにつながります。アロマオイルでのマッサージを行ない，ソックスやレッグウォーマーを履くことも効果的です。

温罨法
　仙骨部位への施行は陣痛緩和に有効であるだけでなく，骨盤内の血流を促し陣痛強化にもつながります。

●コンニャク湿布
　会陰部の伸展が十分でないときには「コンニャク温罨法」が奏功します。四角い板コンニャクを耐熱ビニール袋に入れ，1分間電子レンジで温

めます。これを温めた入浴用タオルに巻き込み，寝巻きやパジャマの上から骨盤底の部位に当て，30分程度座ります。腰の周囲に毛布をかけるなどして保温に努めましょう。冷えたら繰り返しコンニャク袋を電子レンジで温めて再利用します。ただし経験上はコンニャクを20分ほどじっくり茹でて用いたほうが，保温効果は持続するようです。

　半身浴や蒸したタオルで温めるより手間がかからず，とても心地よく，産婦に喜ばれます。また，会陰局所の循環が改善され，会陰の伸展が驚くほどよくなります。

　使い終わったコンニャクは水につけて保存しておくと，腐らない限りは再利用できます。

● 蒸しタオル温熱療法

　コンニャクと同様，電子レンジでタオルを温めて用います。蒸したタオルなので衣服が濡れてしまうことがあるため，ビニール袋などに入れて用います。

● 湯たんぽ温熱療法

　下半身の冷えを確認したら，体温の上昇をめざして湯たんぽを使います。長時間同じ場所を温め続けると低温やけどになることがあるので，たとえ気持ちがよくても温度管理，時間管理に気をつけましょう。

足浴，下半身浴

　下肢が冷えるとお産が停滞して微弱陣痛になりやすいことがわかっています。足を温め血行をよくすると心臓の負担が軽減されるだけでなく，エネルギー代謝によってつくられた二酸化炭素や乳酸などの排出にも有効に働きます。また自律神経が安定してリラックス効果も得られます。免疫力もアップし，発汗作用により体内の老廃物の排泄にも役立ちます。

　40℃前後のややぬるめのお湯に，くるぶしの5cm上から三陰交（内踝の頂点から上へ4横指で，脛骨後縁の後方1cm）あたりまでを浸します（図11）。10〜20分程度足を温めると，足を巡る血液が温められ全身を循環するようになるため，額にじわっと汗がにじむようになります。お湯はさら湯ではなく保温効果の高い入浴剤を入れると効果的です。お産が停滞気味のときは分娩促進効果のあるラベンダー，ジャスミン，スペアミント，ナツメグなどのアロマオイルを数滴加えればより効果的です。

　ふくらはぎは「第2の心臓」とも呼ばれ，血圧にも関係してくる重要な部分です。足湯でこの部分を温めることで血栓形成の予防になり，温まった血液が全身へ循環するため大変効率よく全身の循環バランスを保つことができます。血圧の高い産婦では低めの温度（38℃程度）で10分程度から開始してください。足湯は前期破水をしてしまった産婦でも行なうこと

図11　足浴

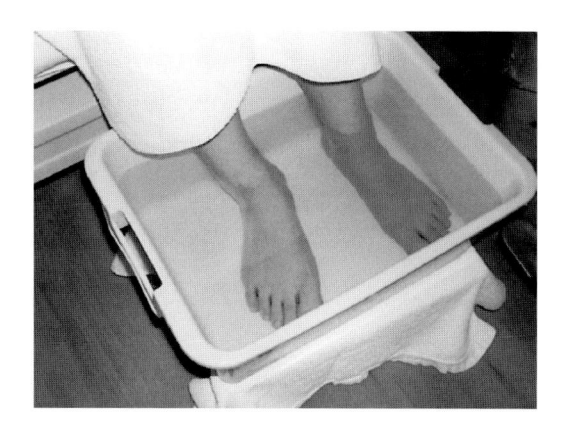

が可能です。

　腰痛の強い産婦や緊張気味の産婦には下半身浴が有効です。分娩第1期の活動期に腰浴をすると特に効果がみられます。沈静・鎮痛作用の強いラベンダーなどのアロマオイルを2滴程度滴下するとよいでしょう。

　足浴はなぜ微弱陣痛の陣痛促進に効果があるのでしょうか。妊娠末期の妊婦の循環血液量は5250 mL程度ですが，そのうち足先を巡る血液は1分間に約20%の1000 mL程度です。ということは10分間には1万mL，15分では1万5000 mLもの血液が流れることになります。これは15分間足浴をすると血液全体の3倍の血液が足先を流れたことになり，末端の足先を温めれば全身を巡る血液が温まるということです。

　温まった血液のうち，1分間に約750 mLが子宮内を流れます。温まった血液が子宮筋内の血管を流れると血管は拡張し，プロスタグランジンの脱落膜からの分泌が促進され，陣痛が再び発来します。また，同じように温まった血液の15%の約800 mLは脳内を流れ，脳下垂体後葉からオキシトシンが分泌されやすくなり，血行を介して子宮に到達して子宮収縮を引き起こします。

　このように全身の末梢である足先を温めることは大変効果的なのです。これは子宮収縮薬の代替医療として大変重要な方法です。

　では，どのようなお湯が効果的でしょう。さら湯，みかん湯での入浴を比較すると，40℃，15分のさら湯では湯上り後すぐに全身が冷えてしまいます。しかしみかん湯では40℃，15分の入浴で湯上り20分後でも高い表面体温を示します。みかん湯では精油の成分である油分が沁み出し，それが皮膚表面に付着することで体温の低下を防ぐのです。ということは，アロマのオイルを加えても有効であると考えられます。

図12 マッサージ

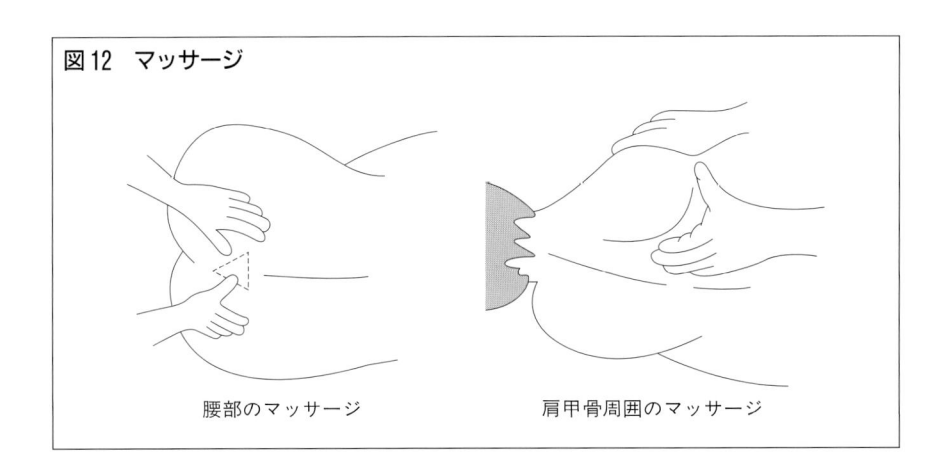

腰部のマッサージ　　　　肩甲骨周囲のマッサージ

マッサージ，指圧
出産時の和痛マッサージ手技（アロマセラピーを含む）

　側臥位の場合には，産婦のお尻の近くに座って第5腰椎周囲を圧迫する方法（図12左）と，産婦の前側に位置し，背後に腕を回して第5腰椎周囲を圧迫する方法があります。この部位には陣痛を特に感じる自律神経の集まったフランケンホイザー神経節があります。坐位の場合は，産婦の背後に回り膝を立てて座り第5腰椎周囲を圧迫すると，とてもやりやすいです。

　産婦は肩周囲に緊張による凝りがたまるので，肩甲をマッサージし，肩甲骨の内側を圧迫すると疼痛緩和に効果的です（図12右）。腰部，肛門への圧迫は硬式テニスボールを用いると$A\beta$線維などの太い求心性神経線維を圧迫でき，疼痛緩和に有効です。しかし，中には圧迫を好まない産婦もいるので，産婦の意思を尊重して行なうかどうかを決めましょう。

　出産時のアロマセラピーとは，心と身体のリラクセーションを助けるためにエッセンシャルオイル（精油）を用いて治療するもので，麻酔による無痛分娩の代替医療として，最近よく用いられています。アロマオイルには，リラクセーションを高め痛みを緩和する効果があるので，陣痛をうまく乗り切るのにとても役立ちます。マッサージをしながらオイルを皮膚に塗る方法と，タオルなどにしみこませた精油の香りを吸入する方法があります。

　1.5～2％の濃度にブレンドしたマッサージオイルを使用して腰，肩，背中，足などにマッサージを行ないます。不安を鎮めリラックスに役立つラベンダー，ベルガモット，オレンジ，心を落ち着かせるフランキンセンス，吐き気を抑えるペパーミント，鎮静効果のあるクラリセージ，ジャスミンなどがよく使われています。ブレンドでは，リラックスと分娩促進効果を目的とする際にはラベンダー＋クラリセージが，微弱陣痛のときの分

娩促進効果にはラベンダー＋ナツメグ，スペアミント＋クラリセージ，ジャスミンなどが好まれます。ジャスミンは陣痛の苦しさを和らげ，子宮の収縮を強める働きをします。「花の中の花」といわれるイランイランにも同様な効果がありますが，これらは沈みがちな気分を明るくさせ自信を持たせてくれる香りです。

会陰のマッサージ

会陰裂傷を最小限に抑えるためには，できるだけ会陰部の皮膚の伸展性，柔軟性を高めておくことが大切です。妊娠中から会陰のマッサージを行なっているとお産に際して効果があるという報告もあります（94頁）。マッサージに際してはスイートアーモンドオイルが有効という報告がありますが，わが国では馬油（ばーゆ）を用いる施設が多いようです。

なお，なかなか陰裂が広がらない場合には，陰裂の内側に2指を挿入して陰唇小帯のあたりを伸ばす方法があります。これをアイロニング・アウト（ironing out）といい，アイロンで組織を伸ばすような処置という意味です。この方法がよいか悪いかはEBM（evidence based medicine：根拠に基づく医療）でも判定されていません。指を用いて裂傷を起こすほど伸ばすことは問題がありますが，そうでなければお産の介助者の技量にかけてみるのもよいでしょう。

分娩第2期での会陰のマッサージは，腫れて弱くなった会陰皮膚を傷つける恐れがあるため推奨されません。2001年，南オーストラリア大学のGeorginia Stampら[6]は，約1300人の妊婦を対象に行なった無作為化試験で，分娩第2期に会陰マッサージを行なっても，会陰切開の比率や会陰裂傷を起こす割合を減らす効果がなかったという報告をしました。

体位，散歩

産婦はお産の体位に関してよく勉強していたはずでも，いざお産が本番になり痛みを伴うと身の置きどころがなくなり，精神的に動揺することが少なくありません。体位は自分が一番とりたいものを自らが選択することが理想ですが，助産師からいくつかのサジェスチョン（助言）をするのもよいと思います。自由に歩くことや，散歩，立位，坐位，側臥位，四つん這い，スクワットなど，各々の利点を説明しましょう。また，ビーズクッション，バランスボール，バースチェアなど，産婦に合いそうなツールも教えてあげてください。

散歩をするときには必ずケア提供者が付き添ってください。児頭の回旋が悪く児頭が下降しなくなったときには階段を下りる運動が効果的ですが，その際にも必ず付き添いは必要です。階段を利用する際には，上りは

エレベータを利用し下りるときだけ階段を使うと，疲れにくく効果があります。

分娩第1期はできるだけ横にならないように指導し，そのために分娩室にはフロアマットと椅子を用意しておきましょう。椅子の座面の上に枕を置き，そこにうつぶせの状態でもたれかかってもよいでしょう。椅子の向きを逆にして座り，背もたれにもたれかかるととても楽です。また，大型のバランスボールを用意し，その上に腰を下ろしてベッドにもたれかかったり，両腕をかけて四つん這いの姿勢で過ごしたりしてもよいでしょう。大型のビーズクッションがあれば，それに背をもたれかけて坐位をとったり，四つん這いの姿勢をとってみたりしても楽に過ごせます。

産婦の一番好む姿勢は洋式トイレに座る姿勢です。著者らは便座に座っているとお産が進行する産婦が結構いることを経験しています。座る姿勢は本人の好みに任せてください。多くの産婦は通常の座る姿勢と逆向きの姿勢を好みます。通常の向きの場合は天井から産み綱があれば，それにぶら下がって過ごす産婦もいます。いつまでも産婦がトイレにいる場合は毛布を背中から掛けるなどして，冷えに注意しましょう。

心地よい環境をつくる

照明を落として分娩室を薄暗くし，よけいな話し声などが聞こえないように配慮しましょう。特に機器の音や足音などの雑音はないように注意しましょう。

助産師は産婦の示すボディランゲージを的確に捉え，いま産婦は何を望んでいるのかを把握して，適切な対処法を講じることが大切です。助産師の腕の見せどころは，どこまでボディランゲージを読み取れるかにあります。

もしも産婦の好む音楽があれば分娩室に流してもよいでしょう。自宅から持参したCDを流したり，BGMを流したりしてもかまいません。産婦が精神的に最も不安になるのは1人で放っておかれたと感じるときですから，寄り添い，触れ合うことを忘れないようにしましょう（エモーショナル・サポート）。

環境整備は，お産に臨む産婦の心と身体が一体となって痛みに向かい合い，上手に乗り越えるために必要なことです。夫・家族立ち会い出産の場合には，産婦が夫や家族に気をつかっている様子がみられたら，分娩室から出てもらうのも必要なことです。

体力維持，体力回復

糖水やスポーツドリンク，おにぎりなど，産婦が好むものを用意しま

す。妊娠中から好んで飲んでいたハーブティーなどがあれば積極的に作ってあげましょう。

お産の最中に一番気をつけなければならないのは脱水です。妊娠高血圧症候群のような合併症のある産婦では，もともと血液が濃縮傾向にあります。そのため分娩中に脱水を生じると血液濃縮がさらに進み，ついには血管内に血栓や塞栓が形成されて，分娩後の肺塞栓症，脳梗塞などの命に関わる合併症につながります。

呼吸法といきみ（努責），会陰保護

呼吸法

著者らは呼吸法にこだわらず，すべての時期で「吐く呼吸」に徹することで陣痛を回避できると考えています。呼吸法にこだわることでかえってお産が画一的になり，呼吸法に縛られて自由で自然なお産の遂行を妨げられる危険があるので，気功で用いる「吐く呼吸」に徹することが一番よいと考えています。

以下に一般的に行なわれている呼吸法を挙げます。

●準備期（子宮口 0〜3 cm，陣痛 10 分間欠）

ゆっくりと深く鼻で吸い（3秒），ゆっくりと深く口で吐く（3秒）を繰り返し，最後にゆっくりと吐く。

●進行期（子宮口 4〜7 cm，陣痛 6〜7 分間欠）

まずはじめにゆっくり深く口で吐く。陣痛発作の波の強さに応じて鼻で吸い，口で吐く。

●極期（子宮口 8〜10 cm，陣痛 2〜3 分間欠）

はじめにゆっくり深く鼻で吸い，口で吐く。陣痛の波が押し寄せたらヒッヒッヒッフーを繰り返す。終わりにゆっくり深く呼吸する。腹圧がかかりそうになったらフー・ハ呼吸をしていきみを逃がす。

いきみ（努責）の指導

通常の「自然なお産」がスムーズに進行している場合には，いきみは必要ありません。いきみは硬い便を出すときに力むのと一緒で，お腹に力を入れて腟の出口や肛門に向かって力を加えることです。これを腹圧といいます。

分娩第2期で児頭が陰裂より見えるようになり，奥に引っ込まなくなる状態が発露です。発露になると産婦は自然にいきみたくなります。子宮の収縮による陣痛とお腹に力を入れた腹圧が加わったものを共圧陣痛といいます。児頭を外に押し出すには十分な力となりますが，あまりこの力が強いと児頭が陰裂を急速に通過して大きな裂傷を生じてしまうことがあるの

で，お産の介助者はできるだけいきまないように指示します。排便のときと同じでいきむととても気持ちがよく，いきむのを禁じられるととても苦しく感じます。でも裂傷を最小限に抑えるため，介助者の指示に従ってもらいましょう。

　助産師の中にはいきむことを忌み嫌う人がいますが，それは間違いです。分娩第2期が遷延した場合などは子宮の筋肉が疲れて胎児を外に出すだけの十分な収縮ができないことがありますが，このようなときに数回いきむととても有効な手段となります。いきむときには爆発的な力を出さずにいきむことが，スムーズに産道を通過させるためには必要です。

　通常のいきみでは3～5 mmHg程度の子宮内圧の上昇しかありません。また，1回の陣痛発作時に3～4回の細かないきみが生じますが，これも1回3～4秒続く程度なので，著者らは無理にいきみを止めるような指示はしません。ただし，バルサルバ法のように胸にたくさん息を吸って，呼吸を止めていきむことは絶対にしてはなりません。「もやもや病」のような病気を持っている産婦は脳出血の危険があるからです。

会陰保護（92頁）

　児頭が陰裂から出てくるときには，腟の出口の周囲に生じる裂傷を最小限に抑えるために会陰保護が行なわれます。会陰保護を行なっても裂傷は90％以上の産婦に生じます。裂傷の程度は初産婦，経産婦により異なり，初産婦では小さな裂傷を含めればほぼ100％に裂傷が生じますが，経産婦では会陰保護により裂傷を60％程度にまで抑えることができます。

　会陰裂傷には4段階があります（109頁）。第1度裂傷は腟や外陰部の皮膚・粘膜だけが裂けたもの，第2度裂傷は腟・外陰部の筋肉まで及んだもの，第3度裂傷はさらに肛門括約筋が断裂したもの，第4度裂傷は直腸粘膜まで裂けてしまったものです。

　第1度裂傷では，出血がなければそのまま消毒しておくだけできれいに治ります。第2度裂傷は筋肉まで深く傷ついたものなので，出血も多く治るには時間がかかります。しかし出血がなければ自然に癒合してきれいに治ります。もしも出血が多く深い傷ができたときには縫合したほうが傷の治りはよく，創部感染の危険も少なくなります。縫合する糸は合成吸収性縫合糸なので抜糸の必要がなく，局所の炎症反応もほとんどありません。もちろん縫合に際しては消毒のうえ局所麻酔を十分にすれば，縫合に伴う痛みはまったくありません。

　第3度裂傷である肛門括約筋の断裂を放置すると便失禁となり，いつもダラダラと便が漏れるようになりますので，産科医に丁寧に縫合してもらう必要があります。第4度の直腸裂傷は縫合そのものも難しく，癒合不全

を起こすと常に肛門周囲に便が付着し，不衛生で性器周囲の重大な感染症になる危険があります。しかし通常の「自然なお産」で会陰保護を行なっていれば，第1度や第2度の会陰裂傷は発生しても，第3度，第4度の裂傷が起こることはほとんどありません。

フリースタイルでお産に臨んでいる場合，四つん這い出産では会陰保護は必要ありません。

分娩経過の説明

人間は自分がいま置かれている立場がどのようなものであるのかを理解できない状態が，一番不安を感じるものです。お産に際しては，産婦に進行状態を丁寧に説明することがよいお産につながります。子宮の出口はどのくらい開いているのか，児頭はどこまで下がっているのか，あとどのくらいの時間で娩出になるのかなど，専門用語を使わずにわかりやすく説明することが必要です。また，児頭に触れてもらうことで，いまの状況を理解してもらうこともできます。

内診

内診はお産の介助者にとっては伝家の宝刀です。内診により，
- お産の進行状況
- 破水の有無
- 臍帯下垂，手下垂（compound presentation）
- 児頭の回旋状況
- 児頭にできた産瘤
- 軟産道の硬さ，腟壁の硬さ
- 腟壁血腫

などを確認することができます。

それ以外にも，軟産道が硬く輪状に1cm程度の幅で残り，子宮口がなかなか広がってこないときに内診2指で子宮口の組織を穏やかにこするように刺激すると子宮口は熟化し，開大が促進されます（用指鈍性頸管拡張術：図13）。

また，子宮口はほとんど全開したにもかかわらず，子宮腟部前側の壁だけが厚い唇のように残り，それが邪魔になって児頭が下がってこないことがあります（60頁）。このようなときに漫然と待っていると産婦は疲弊して陣痛が弱くなり，お産の進行は停滞してしまいます。この際にも内診2指で残存する子宮腟部の唇状の組織を児頭の後ろ側に優しくもむようにしながら圧迫すると消失し，それとともに児頭がスムーズに下降してきます。産婦にとってはちょっと痛いのですが，陣痛促進薬を使用されるより

図13　卵膜剥離と用指鈍性頸管拡張術

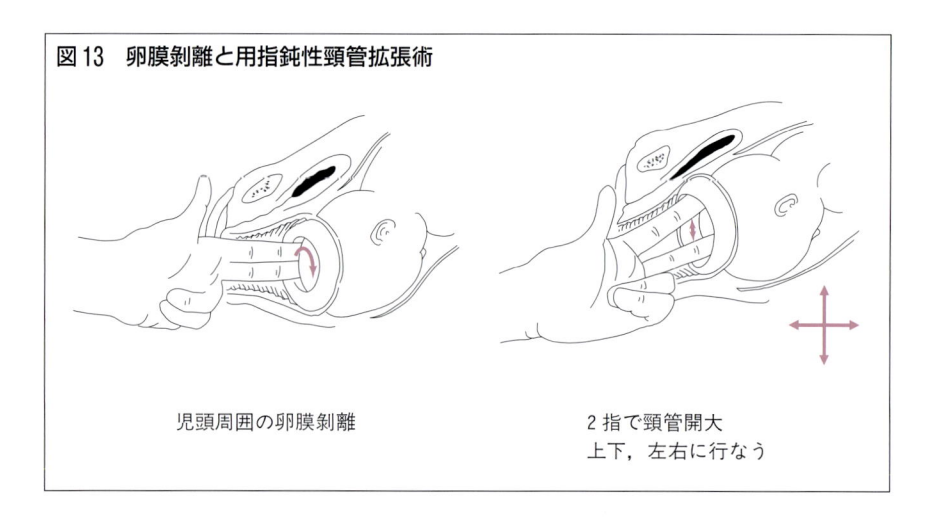

児頭周囲の卵膜剥離　　　　　2指で頸管開大
　　　　　　　　　　　　　　上下，左右に行なう

ずっと安易で安全で，時間的にも短い時間でお産を終えることができます。よいタイミングを選んで助産師は内診を行なうとよいでしょう。四つん這いの体位をとっていても同様な効果がみられます。

分娩第2期で児頭がなかなか娩出されないときは，しばしば回旋が悪いことがあります。このようなときに内診をすると，児頭は腟内で硬い骨産道に挟まって動けなくなっていることがわかります。児頭と腟壁の間の前後左右の隙間にゆっくりと内診2指を挿入しながらいきんでもらうと，児頭はゆっくりと回旋を始め，正常な頭の向きとなり娩出されます。

破膜

胎児の身体を覆う卵膜の中は500 mL程度の羊水で満たされていて，子宮の壁に張り付くようにして存在しています。陣痛とともに子宮口が広がり始めると先進部の児頭の先端の袋の中にわずかの羊水がたまり，風船のようになって子宮口から突出してきます。通常はこの風船のように出てきたものを胎胞と呼んでいます。

胎胞は子宮口が全開大の頃に自然に破裂するのが理想的ですが，卵膜が薄く弱くなっている場合には，子宮口が2～3 cm程度しか広がっていない時期に破裂してしまうことがあります。胎胞が破裂し羊水が流れ出すと子宮の内容は小さくなるので子宮収縮は強くなり，お産がスムーズに進行することが多くなります。

胎胞は子宮口を風船のように圧迫し広げる作用があります。しかし，胎胞自体はブヨブヨした風船のようなものなので，子宮口の組織が硬いとなかなか広げるための力にならないことがあります。そこで，子宮口が5 cm程度開いたのにお産が停滞して陣痛が弱くなったときは，人工的に破膜すると胎胞はなくなり，先進部が胎児の硬い頭となって子宮口を機械的

図14　人工破膜

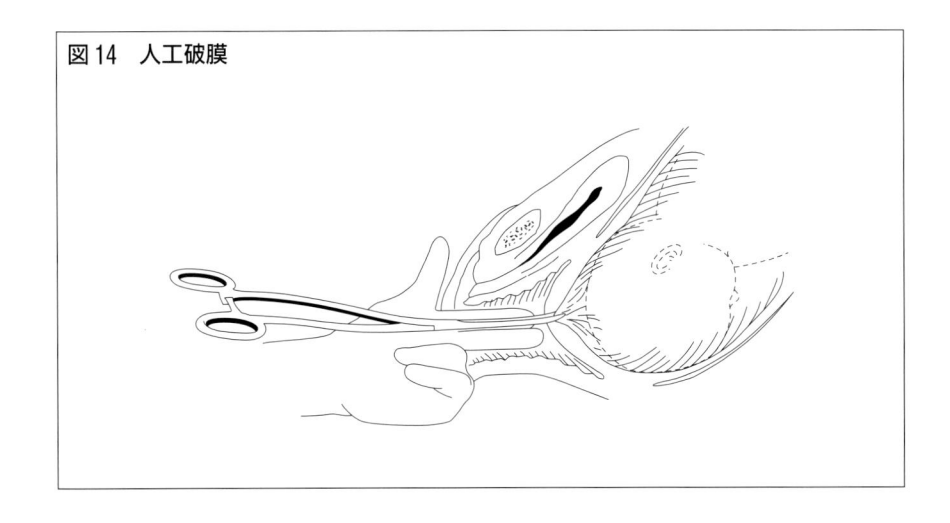

に広げるために有効となります（**図14**）。30分もすると陣痛は強くなって子宮口は広がり，児頭がスムーズに下降してお産の進行が促進されます。

人工破膜を行なう時期は数学的に解析されていて，子宮口が5cm開大しているときが一番理想的な時期です（詳しくは進純郎著『分娩介助学』[7]を参照してください）。ただし，人工破膜をすると陣痛がとても強くなることを理解しておくことが必要です。

また，胎児心拍数モニタリングで徐脈が出現して胎児の具合が悪いのではないかと疑われるときは，人工破膜をすると羊水混濁の有無が確認できるので，胎児の健康度を把握するのに有用です。

しかし胎児に異常が認められずお産を無理に早める必要がなければ，自然破水まで待つのが最も安全です。なぜならば，破水してからお産が進行せず1日以上経過すると，腟内の細菌が子宮内に侵入して胎児に感染症を引き起こす危険があるからです。また，羊水が流出して減少した結果，子宮腔内が狭くなり，臍帯を圧迫して胎児が苦しくなることもあります。

人工破水を試みるときには，必ずお産がスムーズに進行することを予測してから行なうことが大切です。また，破膜後は胎児の心音に異常がないかどうかを繰り返し確認することも必要です。そのため人工破膜の実施は必要最小限にとどめるべきです。

4 リスクとマタニティケア

医療の介入なしに正期産の介助はどのくらいできるか

How safe is safe enough？

　リスク（risk）という言葉は，もともとイタリア語の resicare（勇気を持って試みる）が語源です。リスクとは運命的なものというより，人間の主体的選択を意味するものと考えられています。

　リスクは「事故の大きさと事故発生の確率の積」として定義されます。

　人類は価値観を共有して生きています。人間は価値を認めると同時に，これを得られないかもしれない，または失うかもしれないという危惧を抱きます。このような危惧を持つ理由は，すべての事象に大なり小なりの「不確実さ」がつきまとうからです。この危惧がリスク概念の始まりです。

　お産においては，それが医療の手を加えない自然なお産であろうと，人工的に進められたお産（積極的管理分娩）であろうと，神ならぬ医療従事者は，そのお産がまったく何事もなく終了するかどうかは経験的に100％の確信を持って答えることはできません。私たちができることは，その行為の失敗の可能性がどの程度まで下げ得るものであるかを，何らかの方法で示すことができるにすぎないのです。

　リスクの評価として，考えられた事故が発生する可能性の程度をあらわすために，定量的な確率表現が使われた時期がありました。しかし，最近では定性的な表現が支配的となりました。たとえば，「しばしば」「ときどき」「まれに」「きわめてまれに」「可能性なし」などのように表現します。しかし，これらの表現はあまりに主観的で，人により受けとめ方が大きく異なります。そのため客観的に表現するには，「しばしば」とは10回に1回程度であるのか，100回に1回程度であるのかなど，確率表現をとる必要があります。

リスクの定義

　リスクは常に「高いか」「低いか」の比較を意図して用いられます。すなわち，リスクは何らかの基準と比較して論じられます。したがって，定量的に測定が可能であり，比較可能な量として定義する必要があります。そのためにはAとBの比較のように一次元量の比較が要求されます。こ

れによりリスクが「高い」か「低い」かというシンプルな表現が可能になるのです。リスクの定義としての評価関数は，2つの量の数学的乗算結果としての積を採用することが最も簡単で意味があります。

リスクの特性

　私たち医療従事者が最初に識別しなければならないのは，リスクそのものではなく，懸念事項，またはリスク事項です。その事項をチェックできたら，次にリスクを評価して，そのリスクが許容範囲を超えていれば対策を講じることになります。

　安全の分野ではこの懸念事項をハザードといい，ハザードを識別することが安全解析の基本です。次にリスクを評価し，リスクが許容できるほど小さければ安全であるとします。すなわち「安全とは，リスクが許容できるほど低い状態」を示しています。

頻度概念による確率の加法性

　あるシステム（S）が2つの独立した要素A（産科クリニック）とB（高次のセンター）から構成されていて，Sの成功（危険のない助産を遂行できる）はAとBの両方の成功（ここでは連携とする）が条件であるとします。つまり，Sの信頼度ブロックはAとBの直列系で表されるものとします。

　　S：A－B

　そしてA，Bの成功確率が試験データから，それぞれ，

　　A：信頼水準90%で0.9以上

　　B：信頼水準95%で0.7以上

と推定されたものとします。

　つまり，A（産科クリニック）については10回に1回は失敗する（トラブルが起こる）という推定法ですが，これはあくまでもA（産科クリニック）という母集団全体の性質としての成功確率が0.9以上だという表現です。するとS（システム）の成功確率は，A（産科クリニック）についてもB（高次のセンター）についても推定が当たっている確率は0.9×0.95＝0.85であるので，「信頼水準85%で0.63（0.9×0.7）以上」と推定されるということになります。もともとA（産科クリニック）の成功確率推定においても信頼水準の取り方は任意であり，慣習によるものとして95%，90%，85%などが使われているにすぎません。

　リスクこそが現代の科学技術社会の本質を表現する鍵概念です。「リスク」と「不確実性（uncertainty）」はきちんと区別しなければなりません。起こり得ることを列挙したリストとそれらの生起確率が知られている

とき，それをリスクと呼びます。したがって，起こり得ることに関する無知，あるいはそれらの生起確率に関する無知こそが「不確実性」ということになります。

つまり，実際にある医療技術（助産技術）は，行なってみなければ問題点ははっきりしません。リスクを分析，評価しようと試みても，結果も可能性も十分に把握されていないという点で，リスクの分析・評価は十分にはできないのです。「不確実性」しか存在しないことになります。「そもそも確率とは私たちの無知を表現したものにすぎない」というラプラスの考えが現実のものとして浮かんできます。

リスクがゼロということはあり得ません。絶対的な安全は存在しません。ですから，どんなに安全が強調されても，本来はどの程度危険性が薄いのかということしか言えないはずです。そのため How safe is safe enough? という問いを立てることが求められてきたのです。

リスク評価は安全の保証の精度として機能してきました。しかし，これまでの定量的リスク評価には限界があることがわかってきました。リスクは具体的な損害の予測があってこそ計算されるものです。損害の予測をしっかりと情報として A から B に伝えることが重要になります。この情報伝達をリスク・コミュニケーションと呼びます。そしてこのリスクが本当は誰にとってのリスクなのかということを，もう一度考えてみる必要があります。

リスク評価とは，事実に基づいた推論を争っているようでありながら，その背後にある価値観の争いであることが多いのです。産科クリニックと高次のセンター間の自己防衛のためのリスク評価とならないように願ってやみません。

一番怖いリスクは「人間の心」なのです。

リスクからみていくマタニティケア

リスク・アプローチという言葉がよく使われています。ハイリスク，ローリスクを分けてお産に臨むことが安全・安心を担保できるという考えから使われるようになったものです。しかし，「リスク評価」が人間性を反映している限り，「リスクがある」とされる女性の数は多くなりがちです。

リスクがあると判断されると，どうしても自動的に高い確率で医療の介入が行なわれるので，介入に伴う危険に妊産婦はさらされることになります。たとえリスクの有無をローリスク，ハイリスクに慎重に分けることができたとしても，実際には前もって特定できなかったケースがハイリスクとなり，合併症を引き起こし，それなりのケアや医療の介入を必要とする

女性も少なからず存在します。また，ハイリスク群に入れられた妊産婦でも，多くの場合，まったく正常でよいお産をされます。

リスク評価ではハイリスク要因を抽出し，ハイリスク群を見つけ出す方法が簡便です。これによりハイリスク，ローリスクの区分ができ，1人ひとりに見合ったレベルのケアを提供することが可能になります。これがリスク・スコアリングシステムと呼ばれるものです。

この場合にローリスク抽出を中心に分類しようとすると，リスク評価の裾野があまりにも広くなり実際的ではありません。諸外国でローリスク，ハイリスクの分類が行なわれていますが（オランダなど），ハイリスクから外れた妊産婦をローリスクとしています。

また，出産回数や身長など人口統計的要因をハイリスク，ローリスクに分類すると，出産回数の多い妊婦や低身長の妊婦を，すんなりお産が終了するような妊産婦でも「ハイリスク」としてしまう結果になります。どんなに質の高いリスク分類をしても，出産の場で産婦と胎児に十分質の高い観察を提供することに勝るケアはありません。

リスクの査定は一度すればよいというものではなく，妊産婦ケアの流れの中で，どの時点であっても繰り返し見直し続けることが肝要で，ローリスクと考えていた妊産婦でもハイリスク基準に入った場合には，いつでも高水準のケアを受けられるよう，決断に躊躇することがあってはなりません。

正常な出産の定義

『WHOの59カ条　お産のケア　実践ガイド』[8]によれば，正常な出産とは，「自然に陣痛が始まり，その時点でローリスク妊婦とされ，陣痛期から赤ちゃんが誕生するまでの出産の全過程でローリスクが続く。赤ちゃんは妊娠週数満37～42週の間に頭位で自発的に生まれる。産後，妊婦と赤ちゃんはともに良い状態である」と定義されます。

院内助産施設で自然なお産ができる確率はどの程度か

もし100人の妊婦がいたとして，医療の介入なしに正期産のお産ができるのは何％程度でしょうか。妊婦定期健診で発見できる妊婦合併症をピックアップし，そのパーセンテージをまとめてみました。パーセンテージは種々の文献を参考にして著者が妥当と思われる値を出したものです。

- 早産（妊娠22～36週までのお産）　4％
- 低出生体重児（2500g未満）（FGRを含む）　4％
- 奇形・先天異常　1％
- 羊水過多・過少　1％

- 子宮筋腫合併　1%
- 切迫早産＆前期破水（頸管無力症を含む）　5%
- 妊娠高血圧症候群　5%
- 糖尿病・妊娠糖尿病　2%
- その他　合併症妊娠　2%
- 予定帝王切開（前置胎盤，前回帝王切開など）　5%

　妊娠中のスクリーニングでリスクファクターを抽出できるのは，以上に示した30%であると判明しました。このことは，逆に述べれば70%の妊婦は正期産正常分娩ができるということを示すものです。この70%という数字が多いか少ないかは議論のあるところかもしれませんが，高齢出産などが増加し，お産のための「子宮力」が低下したと予想される現状では，この程度の数字が適当と思われます。

■参考文献
1) Cunningham FG, et al: Parturition. Williams Obstetrics 19th ed, New York, Appleton & Lange, 297-361, 1993.
2) アンドレア・ロバートソン（大葉ナナコ，三宅はつえ，コール洋子監訳）：心に寄り添う助産術実践テキスト．メディカ出版，66，2007．
3) Rene Cailliet（荻島秀男訳）：痛み―そのメカニズムとマネジメント．医歯薬出版，1996．
4) Melzak R, et al: Pain mechanisms: A new theory. Science, 150, 971-979, 1965.
5) Dick-Read G: Childbirth Without Fear. Herper & Brothers, New York, 1944.
6) Stamp G, et al: Perineal massage in labour and prevention of perineal trauma: randomized controlled trial. Br Med J, 322 (7279), 1277-1280, 2001.
7) 進純郎：分娩介助学．医学書院，182，2005．
8) 戸田律子訳：WHOの59カ条　お産のケア　実践ガイド．農文協，51，1997．

仰臥位分娩の再考

　現代の産科医の多くは分娩台でのお産しか自分で介助したことはないでしょう。そのため多くの産科医は，お産は分娩台でするのが当然だと思っているようです。お産椅子と同様に分娩台も，お産に立ち会う医療者の都合に合わせて作られたものです。産婦を医療の対象者と考え，何らかの医療的処置，介入をしやすいようにとの思惑がうかがえます。分娩台は，内に潜む力を信じ，心と肉体の一体化（心身一如）を求める産婦の思いとは裏腹に，産婦の肉体を鋳型（分娩台）にはめ込み，お産に必要な力を発揮する自由な場を奪っただけでした。分娩台の上に固定されてしまったとき，産婦は自らの秘めた力の存在を忘れ，産科医の技に依存し，主体（主役）から客体（脇役）へと自らを変えてしまいました。

　でも，いまからでも遅くありません。分娩台を下り，自分の産む場を求めるよう伝えましょう。医療従事者も産婦を医療の対象として見るのをやめてみてください。1人で産痛の波と闘う産婦の寄る辺ない心と疲れた肉体が画一的な枠の中から解放され自由になると，産婦の内に秘めたお産に必要な力がいきいきと湧き出てくるのを感じるはずです。

　お産の場で大切なもの──それは，孤独な産婦の不安な心と疲れた肉体を優しく包み込んでくれる助産師の存在です。助産師はそっと産婦の手を握り，つらい腰を優しくマッサージしてあげてください。寄り添い，触れ合うことで，産婦と助産師の間には壁がなくなり，産婦の内に寄せては返す産痛や不安は，寄り添う助産師が受け止め共有することができます。助産師は医療というツールを使うことなく，産婦を穏やかで自然なお産へと導くことができます。

　ただ，お断りしておきますが，著者らは仰臥位出産も分娩台も否定するものではありません。分娩台があったおかげで数えられないほどの多くの産婦が吸引分娩，鉗子分娩で救われ，肩甲難産を回避することもできたのです。分娩台の上でのお産はいろいろなポスチャーの1つであると理解しましょう。

　著者らがフリースタイルにこだわるのは，仰臥位という1つの姿勢にこだわり，それ以外を拒絶し排他的に扱うことの非を問題にしているのです。特定の体位にだけ正当性を与え，それを特権化していく中では本当の「自然なお産」は生まれないからです。

　分娩台の上で産ませられる隷属的な立場から，分娩台を下りて主体的にお産に向かうとき，産婦は本当の母親になれるのです。

COLUMN

歴史にみるお産の体位

わが国のお産の体位の歴史

　わが国では昭和30年代頃までは産婆による自宅分娩が主流でした。もちろん自宅には分娩台などという特殊なベッドはありません。ですから，昭和30年代までほとんどの女性は自宅で思い思いの姿勢でお産をしていました。明治時代の産婆教育ではお産の姿勢として仰臥位を推奨したため，自宅でも上向きの姿勢でお産をした方が多かったでしょうが，お産の始めから終わりまで決まった姿勢を維持し続けることは決してありませんでした。

　ではわが国のお産は歴史的にどんな姿勢で行なわれてきたのでしょうか。お産の姿勢だけを記載した詳しい資料はもちろんないので定かではありませんが，どうやら座ってするお産（坐産）が多かったようです。鎌倉時代の彦火火出見尊と海神の女・豊玉姫との婚姻説話の絵巻物『彦火々出見尊絵巻』には，柱につかまった蹲踞とも四つん這いともつかぬ豊玉姫のお産の絵が記載されています。江戸時代中期頃，賀川玄悦という有名な産科医たちが仰臥位を推奨してから，仰臥位分娩が少しずつ行なわれ始めたようです。

ヨーロッパのお産とお産椅子

　ヨーロッパのお産は歴史的に坐位が主流でした。フランスの氷河時代の壁画にあるお産は坐位です。坐位ではお産椅子を用いました。お産椅子の歴史は古く，エジプトのルクソール神殿にあった「紀元前1450年にアメンホテップ三世の誕生を描いた石彫刻」のレリーフはお産椅子を利用しています。

　ルネサンスの時期からヨーロッパではお産椅子が考案され始めました。お産椅子は17〜19世紀にかけていろいろ新しい形が考案され使われていたようです。ルネサンス期にはミケーレ・サヴィオナーラが独特のお産椅子をイラストで紹介しています。16世紀にはオイシャレウス・レースラン，ヤコブ・リュエフ，アンブロワーズ・バレがお産椅子を紹介し，17世紀になるとフランソワ・モリソ，ギョーム・モケ・ド・ラ・モットらがお産椅子を批判し，仰臥位がよいと提唱しています。18世紀になるとヘンドリック・ファン・デーヴエンデル，ローレンツ・ハイスターらが改良したお産椅子を紹介し，ジャン・ジャック・フリートは背もたれの角度が自由になる新しいタイプのお産椅子を考案しています。ヨーロッパのお産はお産椅子の歴史と

いっても過言ではありません。

　文化人類学的な検討では，ヨーロッパでは19世紀のうちにお産椅子はすたれ，背を起こして産む垂直姿勢から寝て産む仰臥位出産へと移行していき，20世紀の文明社会では垂直姿勢の出産は仰臥位出産に取って代わられたようです。

　このようにお産の姿勢という一見何気なく表立って語られることの少ないことにも，実は奥の深い文化や歴史的背景，多くの人々の創意工夫などがあったのです。

■参考文献
長谷川まゆ帆：お産椅子への旅．岩波書店，2004．

2章

正常分娩の経過中のトラブルとその対処法

自然なお産の経過中にしばしば認められるトラブルとして，遷延分娩と微弱陣痛（primary dysfunctional labor）があります。正期産・正常分娩中に認められる遷延分娩と微弱陣痛は病的なものと捉えなければならないのでしょうか。

　遷延分娩の多くは病的なものではありません。児頭と産道の大きさの相対的な関係から，児頭骨盤不均衡（CPD；cephalopelvic disproportion）に近い状態になったり，児頭の回旋に異常が出現したりすると，その異常を修復させるまで分娩はスピードダウンし，陣痛も微弱となります。狭い産道を通過することは車で狭い道を通ることと同じです。狭い道を猛スピードで通過しようとするドライバーはいないように，産道のドライバーである胎児は母親の産道が狭いと察知すると下降のスピードを落とし，ゆっくり通過しようと努めます。もしも産道があまりにも狭いと感じた際には，胎児頭部は応形機能が働いて骨重を起こし，児頭周囲径を小さくして通過しようとします。母親側もリラキシンというホルモンを分泌させて恥骨結合や仙腸関節を弛緩させ，骨盤を広げようとします。

　このようにしてゆっくりながらも胎児は間違いなく狭い産道を通過し，新しい世界に顔を出します。遷延分娩や微弱陣痛が発生した場合には，単に病的なものと即断せず，分娩の全体像をイメージし，胎児心音に異常が認められなければ代替医療を駆使して自然なお産の遂行に努めるべきです。そのためには，産婦のボディランゲージを注意深く観察することが大切です。

1 遷延分娩と微弱陣痛

遷延分娩の原因と種類

原因

　遷延分娩の主な原因としては以下が考えられます。
- 児頭骨盤不均衡（cephalopelvic disproportion）
- 回旋異常と胎位の異常（malpresentations and malpositions）
- 子宮収縮不良（inefficient uterine action）
- 頸管強靱（rigid cervix）

　また，付随要因としては以下の要素が挙げられます。

- 初産婦
- 子宮頸管の展退がなく，閉鎖し，強靭な状態での前期破水（PPROM：prolonged premature rupture of the membranes）
- 母体の疲労
- 分娩体位（体幹水平位を持続）
- その他

　各ファクターは，独立しても相互的にも遷延分娩に関わってきます。

　児頭骨盤不均衡と思われても，児頭に応形機能が働き，骨盤の関節（仙腸関節，恥骨結合）はゆるんでいるので，陣痛が児を娩出させるのに十分な強さと持続時間をもっていれば児娩出は可能となります。また，前方後頭位の児を娩出させるために十分な骨盤の広さがあっても，後方後頭位であれば娩出できなくなることもあります。これらは胎児と骨盤のバランスの問題です。

　頸管が成熟している状態での破水であれば，効果的な陣痛が発来すれば遷延分娩はあり得ませんが，頸管が長く，硬く，閉鎖している状態で破水してしまうと，順調に分娩が進行せず潜伏期がしばしば遷延します。分娩促進に有効ではない弱い陣痛は，頸管のスムーズな開大に役立ちません。

　また，体幹水平位である仰臥位や側臥位ばかりをとっていると，児娩出のための陣痛が弱くなり分娩が遷延します。遷延分娩改善のためには，スクワットや坐位をとってみたり，椅子に座ったり，散歩したり，体幹垂直位をとってみることが必要です。

種類

　遷延分娩の種類としては主に以下のようなものが挙げられます。

① 潜伏期遷延（prolonged latent phase）
② 活動期遷延（prolonged active phase）
- 初産婦：原発性微弱陣痛（primary dysfunctional labor），続発性開大停止（secondary arrest of dilatation）
- 経産婦：続発性開大停止

③ 分娩第2期遷延

　フリードマンは，分娩の進行状態を分娩時間と頸管の開大から図1のように正常開大（a），続発性開大停止（b），遷延開大（c），原発性開大停止（d）に分類しています。

図1　分娩経過時間と頸管（子宮口）開大曲線からみた分娩遷延のパターン分類

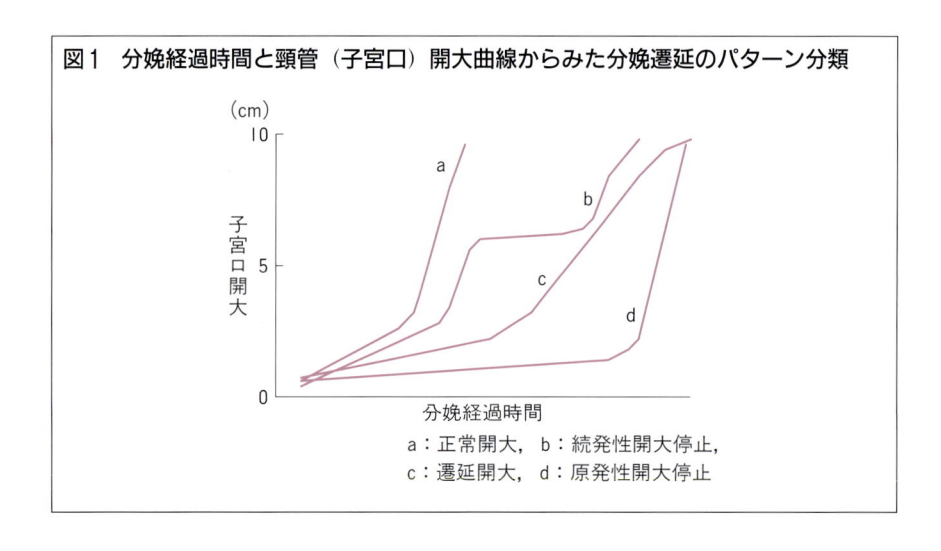

a：正常開大，b：続発性開大停止，
c：遷延開大，d：原発性開大停止

図2　フリードマン曲線による正常分娩の経過（潜伏期と活動期）

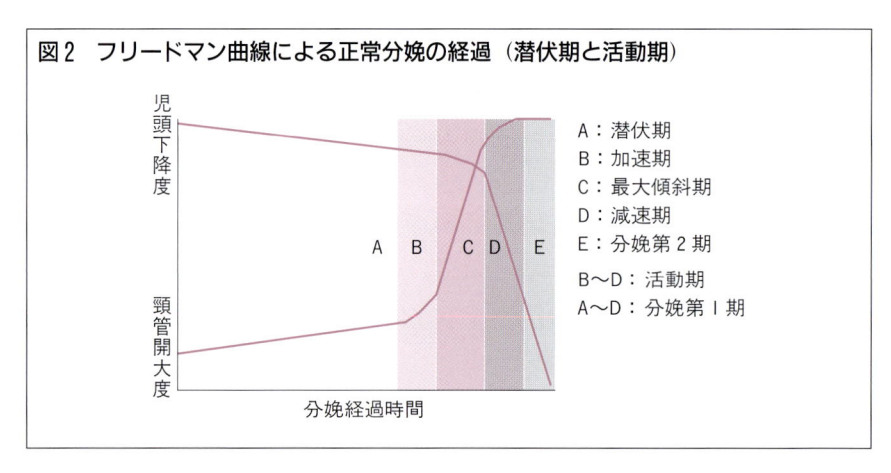

A：潜伏期
B：加速期
C：最大傾斜期
D：減速期
E：分娩第2期
B～D：活動期
A～D：分娩第1期

フリードマン曲線を用いたお産の経過把握

フリードマン曲線とは

　フリードマンは，分娩所要時間と頸管開大の関係を曲線に描きました。潜伏期と活動期（加速期，最大傾斜期，減速期）を合わせた分娩第1期，子宮口全開大から児娩出までの分娩第2期，児娩出後胎盤娩出までの分娩第3期に分類しています（図2）。この曲線は初産婦，経産婦で異なります（図3 a, b）。

　フリードマンは初産婦では潜伏期を8時間，活動期を6時間，分娩第1期は両者を合わせた14時間とし，分娩第2期は2時間と定めています（2時間ルール）。最近では減速期は存在しないという説が多くなってきました。また，活動期もフリードマンの曲線のように急峻ではなく，減速期がないことと相まって穏やかな上昇曲線となっています（90頁コラム参照）。

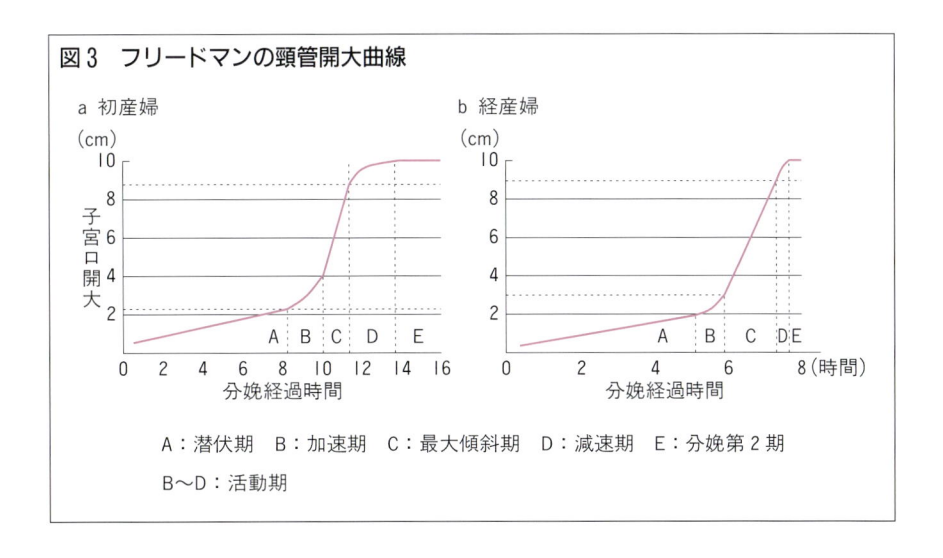

図3 フリードマンの頸管開大曲線

a 初産婦　　　　　　　　　　b 経産婦

A：潜伏期　B：加速期　C：最大傾斜期　D：減速期　E：分娩第2期
B〜D：活動期

　初産婦のフリードマン曲線をもとに，子宮口の開大と分娩所要時間の関係を説明します。

　分娩開始時には子宮口は2cm程度開大しているのが普通です。その後，潜伏期には陣痛はそれほど強くはならないので，活動期に入るまでの8時間程度では子宮口はわずかしか開大しません。活動期に入ると子宮口は一気に開大を開始し，約6時間で全開大になります。

　活動期の6時間を2時間ずつに細分化してみると，最初の2時間は加速期といい，車でいえばエンジンをふかし始めたときにあたります。このときは子宮口の開大は2cm程度しか進みませんが，次の2時間である最大傾斜期になるとアクセルが順調に可動し，一気に5cm程度開大します。そして最後の2時間の間に，分娩第1期に活躍した陣痛促進ホルモンのプロスグランジンから分娩第2期の子宮収縮に携わるオキシトシンにギアチェンジします。

　この2つのホルモンの切り替えのときに陣痛が弱くなり，中休みが出現することがありますが，フリードマンはこの中休みを減速期と考えたのかもしれません。中休みが2時間程度ある産婦，1時間程度の産婦，ほとんどみられない産婦など，非常に個人差がありますが，病的な微弱陣痛と捉えてはなりません。

フリードマン曲線を用いた初産・経産別分娩経過

　初産婦と経産婦ではフリードマンの曲線は異なった頸管開大曲線を描きます。潜伏期，活動期である加速期・最大傾斜期・減速期（ないという説もあり），分娩第2期の平均±標準偏差も，初・経産で大きく異なります。フリードマンは活動期における頸管開大速度の異常を，初産婦では1.2cm/時間，経産婦では1.5cm/時間以上としました。

1. 遷延分娩と微弱陣痛

表1　週数別分娩時間（分娩第1期＋分娩第2期）

分娩週数	初産			経産		
	例数	平均時間	標準偏差	例数	平均時間	標準偏差
37〜41	16567	11.27	8.5	9332	5.98	4.6
42〜	212	13.46	9.2	77	6.73	4.7

（東京都母子保健サービスセンター調べ　1992〜1997年）

　初産・経産別の週数別分娩時間（分娩第1期＋分娩第2期）では，1992〜1997年の東京都母子保健サービスセンターのデータがあります（表1）[1]。

お産の経過をつかむポイント

　お産の経過をつかむ際に注意してほしい点を挙げます。
①出産スタイルが多様化してきたため，フリードマン曲線は必ずしも一律に適用することができなくなりましたが，分娩第1期，分娩第2期の極端な遷延には注意しましょう。
②標準的な分娩時間を念頭に置いて分娩に臨みましょう。
③潜伏期には余計な手出しは禁物です。できれば自宅待機が理想です。
④活動期には多彩な問題が出現します。分娩の3要素（陣痛，産道，胎児および胎児付属物）をしっかりと把握し，異常出現時には臨機応変の対応をしましょう。
⑤分娩第2期の遷延は，恥骨弓開角が狭いことと下降児頭に対する骨盤底筋群の反発が主な原因です。
⑥分娩第2期の2時間ルールは守る必要はありませんが，あまり分娩第2期に時間をかけると産後の尿閉や将来の尿失禁・子宮脱につながるおそれがあります。

　お産の進行がゆっくりになったことは，何かの原因で胎児のスムーズな下降が障害されたことを示しています。産道がやや狭いこと，児頭の回旋が順調に進んでいないこと，産婦が疲れてしまったことなどが主な原因と考えられますが，これらは必ずしも病的なものと即決してはいけません。胎児心拍に異常がなく破水後の感染徴候が認められなければ，ゆっくりとしたお産につき合うことも助産に関わる者の努めではないでしょうか。

　遷延分娩でトラブルが生じる原因として一番多いのが，助産・医療従事者の個人的問題です。今日1日の仕事を早くすませたい，早くお産を終了させて医師会の会合に向かいたいなど，長引くお産に焦りの気持ちが働き，陣痛促進薬などを用いた際に，予期せぬ合併症が生じるのです。また，1施設の分娩数が増えれば増えるほど遷延分娩に対する「じっくりと

落ち着いた対応」ができなくなります。お産は助産・医療従事者や施設の問題ではなく，産婦個人の人生に関わる問題であると考え，落ち着いた対応をすることを望みます。

なかなか進まないお産とその対応

なかなか進まないお産

いわゆる遷延分娩と呼ばれるお産の頻度は 1〜7％です。「分娩所要時間が 24 時間を超えるもの」「分娩第 2 期が，初産婦の上限とされる 2 時間の 2 倍である 4 時間を超えるもの」と言われています。24 時間というタイムリミット内（the 24-hour limit）にお産が終了できるように，できるだけ早く異常事態を認識し対応することが必要である，という考えです。

なかなか進まないお産の原因としては，

- 母体疲労
- 回旋異常，巨大児（児頭骨盤不均衡の疑い）
- 頸管強靱
- 子宮収縮異常（ほとんどが続発性微弱陣痛）
- 胎胞残存による遷延分娩
- 骨産道の異常（狭骨盤）
- 子宮筋腫，卵巣嚢腫など分娩を障害する生殖器官の異常

などがあります。大部分が活動期の遷延で，特に排臨近くの遷延です。

なかなか進まないお産の一番大きな原因は，骨盤が児頭の大きさに比べて相対的に狭いときです。しかし，これはいわゆる狭骨盤ではないので，時間をかければ経腟分娩が可能です。

骨盤が狭いと，母体は恥骨結合と両側仙腸関節がゆるみ骨盤が広がり，胎児の頭には応形機能が働き頭蓋骨を重ねて頭囲を小さくします。また，体位により骨盤の広さは変わるので，体位変換などを行なうことでゆっくりですがお産は進行します。

なかなか進まないお産の予測は可能か

Fraser ら[2]の報告によると，遷延する分娩のうちリスクを有する割合（感度）は 57％，遷延しない分娩のうちリスクを持たない割合（特異度）は 75％，リスクチェックによりお産が遷延する可能性が推定されたうち本当に遷延分娩になった割合（陽性的中率）は 35％でした。これは逆に言えば，お産が遷延してもリスクを持たないのは 43％あるということ，遷延せず普通に進行するお産でも 25％には何らかのリスクがあるということ，遷延分娩になりそうだと予想しても遷延分娩にならないのは 65％

程度であるということです。

遷延分娩の予測は困難です。最もよく見る誤りは，まだ活動期に入っていないのに子宮機能不全（uterine dysfunction），すなわち微弱陣痛と診断して治療を開始するケースです。

なかなか進まないお産への対応

分娩経過時間の長さで医療介入を決めるのではなく，母子のいずれかの異常の出現により決めます。ただし，分娩時間が長くなればなるほど母子の異常が増えることは確かです。

お産に際してはしばしば中だるみがあって，なかなか進行しないことがあります。その多くは回旋異常に伴うものですが，そのほかには臍帯が短いとき，児頭骨盤不均衡の疑いがあるときなどがあります。

なかなかお産が進まないうちに破水して，羊水が減少したり感染徴候が出現したりすることもあります。胎児機能不全の徴候が出現したとき，すなわち胎児心拍数に異常が認められるようになったとき，破水後の発熱，おりものに悪臭が伴うようになったとき，胎児頻脈が出現したとき，産婦のお腹全体に広がる腹痛，白血球増加やCRPの上昇などには，機を逸しない対応が必要です。

「なかなか進まない」お産でも「産まれそうな」お産を，早く産まれるように誘導するには，以下の項目を実行すると効果的です。

- 陣痛の間は誰かが必ず付き添う
- 励ましやアドバイスをする
- 痛みやつらさを寄り添う者が共有する
- 体位を頻繁に変える
- 歩く（階段を下りる）
- 入浴やシャワー浴をする（破水していないとき）
- 足浴をする
- 鼠径部や恥骨上，会陰部の保温をする
- 内診による人工破膜（amniotomy）

さらに，種々の状況での対応について述べます。

胎児機能不全や感染徴候がない場合は待つことができます。その場合でも以下のように助産師はいろいろな面で産婦をバックアップしましょう。

● **産婦が疲労しているとき**

- 疲労は激しくてもまだウトウトと眠れる状態にあれば，部屋を暗くしてできるだけ静かな環境に整え，精神を落ち着かせるアロマの芳香浴やアロママッサージなどを試みると，効果が認められることがあります。
- 破水していなければ，入浴や半身浴をすると，全身あるいは下半身を温

めることができるので筋肉の弛緩に役立ち，リラックスできて子宮口の開大にも効果的です。
- 入浴が困難な場合は足浴を試みます。三陰交（22頁）まで温めるとスムーズな分娩進行に有効であるといわれています。

●**お産の恐怖から産婦の緊張が強いとき**
- 経腟分娩が困難なのではないかとの恐怖から，産婦の緊張が強くストレスフルになりリラックスできないときには，足のツボを指圧すると精神的緊張を解くことができます。
- 立ち会う家族に焦りが出てきたときには分娩室から退出してもらい，産婦を1人にして周囲に気をつかわないで過ごせるよう気を配りましょう。

●**まだお産に対して前向きに努力しようとしているとき**
- 水分を十分とり，食事もきっちりととってもらいましょう。
- 自由な体位，特に体幹直立位（5頁）をとってもらいましょう。
- 散歩や階段を下りる運動をしましょう。
- 入浴，足浴などで身体を温めて子宮口の開大に努め，スムーズなお産の進行を期待しましょう。
- 陣痛促進効果のあるアロマの芳香浴，マッサージを行ないましょう。
- 会陰を温タオルなどで温めましょう。血液循環が改善し，会陰部の伸びがよくなります。
- 排臨を過ぎたらスクワッティング（蹲踞の姿勢）をとったり，マックロバーツの姿勢を試みたりしましょう。
- くじけないように精神的ケアに努めましょう。

遷延分娩での母児の状態評価

母児の評価

●**母体の状態**

産婦の全身状態と精神状態を，疲労，やる気（morale），水分摂取，食事摂取などから評価します。破水後では発熱，頻脈など感染徴候に注意します。

●**胎児の状態**

胎児心拍数モニタリングと羊水混濁（胎便排泄）を観察することで評価します。

母児への危険

●**maternal dangers（母体への危険）**

遷延分娩は母児にさまざまな合併症を引き起こす危険があります。その

危険は分娩時間の長さと関係があり，24時間を超えるとリスクは急速に高まります。母体へのリスクは子宮の弛緩（uterine atony），頸管および腟・外陰部の裂傷，出血，感染，母体の疲弊と感染性ショックなどで，母体合併症を回避するために産科手術が行なわれることが多くなります。

●fetal dangers（胎児への危険）

お産が遷延するほど胎児死亡率，罹病率が高まります。また，以下の頻度が多くなります。

・遷延分娩そのものによる胎児アスフィキシア
・児頭への圧迫が続くため脳障害が発生しやすい
・鉗子による回転や牽引に伴う児損傷の合併
・児娩出よりずっと以前に破水した場合，羊水感染により胎児肺炎や全身感染を招きやすい

いかなる種類の遷延分娩も胎児にとっては危険であり，いったんお産が停止すると危険はさらに高まります。特に児頭が骨盤底で圧迫され続けるのは非常に危険なことで，遷延分娩で出生した児はその後の発育に特に問題ないという意見と，正常分娩で出生した児より知的異常が多いとの意見があります。ただし，『ウイリアムス産科学』[3)]では，分娩第2期が6時間以上でも新生児予後には影響がなかったという記載があります。

ケーススタディ　さまざまなお産の進行とその対応

ここでは，さまざまなお産の進行を引き起こす疾患，その原因，対応などについて，ケーススタディで説明します。

症例1　初産婦に10分ごとの有効陣痛が発来して入院しました。24時間経過しましたが子宮口はまだ2 cmで硬く，開大してきません（図4）。

【診断】

潜伏期遷延です。潜伏期とは，10分ごとの有効陣痛は発来したものの子宮頸管の開大はまだ2 cm以下で，子宮頸管の開大が始まる活動期のはじめの加速期までの，8時間ほどの期間をいいます。潜伏期が初産婦で20時間，経産婦で14時間を超えると潜伏期遷延と診断します。

【原因】

次のような原因が考えられます。

・分娩開始時の頸管が熟化（ripe cervix）していない

図4 潜伏期遷延

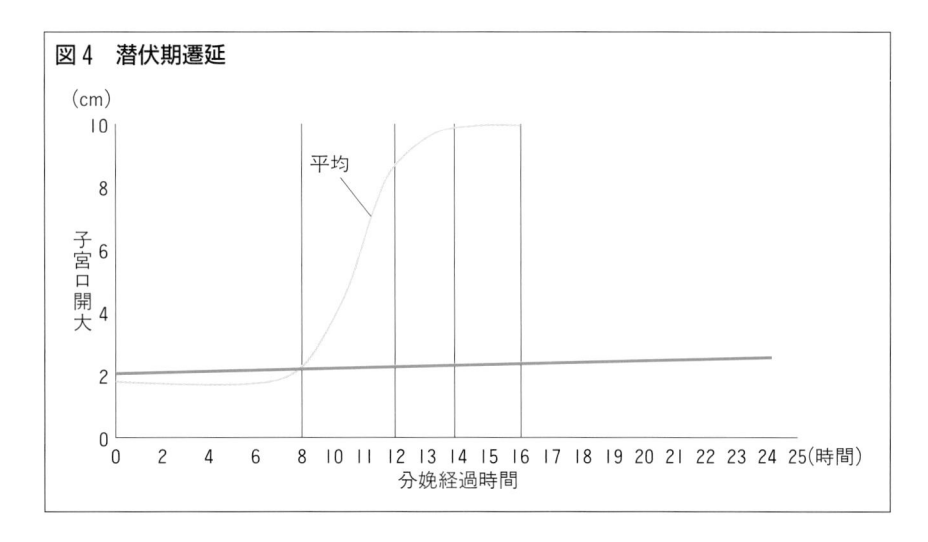

- 胎児の位置異常
- 児頭骨盤不均衡
- 微弱陣痛
- 過度の鎮静薬の投与

　頸管が熟化していないと潜伏期はしばしば遷延しますが，展退が始まれば頸管は正常に開大し始めます。もしも潜伏期が20時間以上続いたとしても，活動期に入ればほとんどの産婦で頸管の開大は急速に進行するので，潜伏期の遷延は臨床的には問題となりません。また潜伏期が遷延しても母児への危険はありません。

　潜伏期遷延になる産婦のほとんどは，入院時の子宮口は1.5cm程度（1指）で，頸管は硬く，ビショップ・スコアも6点以下で未熟な頸管です。このような場合は陣痛が不規則で弱く，10分になったり，7分になったり，5分になったり，また10分に延びたりと，頸管の開大のないものを微弱陣痛といいます。

【対応】

　まず分娩進行を妨げる物理的要因を除きます。さらに頸管の状態に合わせて治療法を選択します。

●頸管が熟化しているとき

　頸管が展退して柔らかくなり，2.5〜3.0cm開大していれば歩行を勧めましょう。歩行することで児頭により頸管が圧迫され，物理的刺激で陣痛が強くなり分娩が進行し始めます。

●頸管が未成熟（unripe cervix）のとき

　まだ本格的なお産の体制に入ったわけではないので，いったん帰宅してもらい，破水していなければゆっくりと入浴して食事をして睡眠をとるように指示します。24時間ぐらい経過してから有効な分娩陣痛が発来する

ときもありますが，1週間程度陣痛が来ないこともあります。

グルコース溶液の点滴や，モルヒネ投与が有効との成書もありますが，潜伏期での余計な薬物投与は百害あって一利なしです。

【予後】

以下の予後が考えられます。

- 大部分の産婦はいったん休息後，再び有効陣痛が開始して，遠からず活動期に進み，経腟分娩となります。
- 一部の産婦は微弱陣痛，あるいは続発性開大停止となります。この場合には胎児機能不全（胎児ジストレス）などの異常がない限り，経過観察がよいでしょう。なお，経過観察の場合は胎児の胎位・胎勢を確認し，児頭骨盤不均衡がないことを確かめておきましょう。
- 潜伏期遷延に破水が重なると母児感染の危険が高くなり，予後不良です。
- 帝王切開は潜伏期では適応になりません。しかし，急性の胎児機能不全（胎児ジストレス），完全な児頭骨盤不均衡，横位などは帝王切開となります。

【ポイント】

この症例は初産婦のフリードマン曲線上で示したように，まったく子宮口の開大はなく陣痛も弱いわけですから，何の対応も必要ありません。本物の陣痛が発来するまで自宅待機となります。

症例 2　陣痛発来で入院した初産婦が，10時間後の子宮口 4 cm 開大までは順調でしたが，以後12時間経ってもまだ 8 cm 開大のままです（図5）。

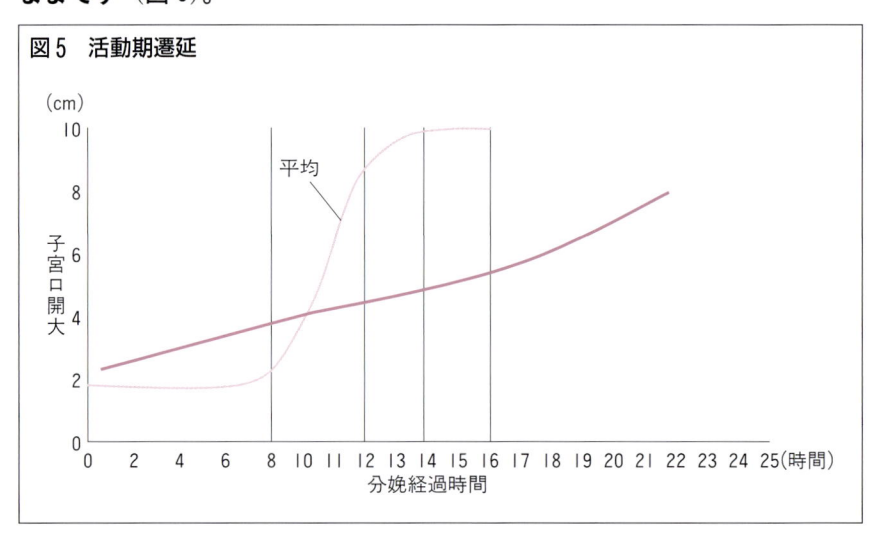

図5　活動期遷延

【診断】

初産婦における活動期遷延です。活動期は頸管のスムーズな開大が重要です。初産婦では活動期が12時間以上（平均4〜6時間）になると異常と

判断します。しかし，活動期の長さ以上に重要なのは頸管の開大速度です。活動期になると頸管は急速に開大してきますが，1時間に1.2 cm以下の開大速度は何らかの異常が生じていることを示しています。

【原因】

活動期遷延は次のような原因によりしばしば発生します。
・胎児の回旋異常
・児頭骨盤不均衡
・分娩開始前の前期破水

活動期遷延，すなわち子宮口開大の遅れの原因は何かを検索する必要があります。

【予後】

活動期遷延では鉗子分娩，帝王切開など，産科手術の頻度が高くなり，胎児死亡や罹病率が増加します。

【ポイント】

この症例は，実際には，子宮口4 cm開大以降は図5のようにダラダラと8 cmまで開大したのか，6〜7 cmまでは順調に開大していたのがそれ以後止まってしまったのかわかりませんが，いずれにしても活動期が順調でなかったことは確かです。前述の原因を確認して，異常がなく産婦が疲労していなければ立位をとり，歩いたり足浴や半身浴をしたりして陣痛の再発を待ちましょう。

症例 3 初産婦で子宮口 5 cm 開大から 4 時間が過ぎても子宮口開大はまったくなく，陣痛は 2 分 30 秒間欠で発来しています（図6）。

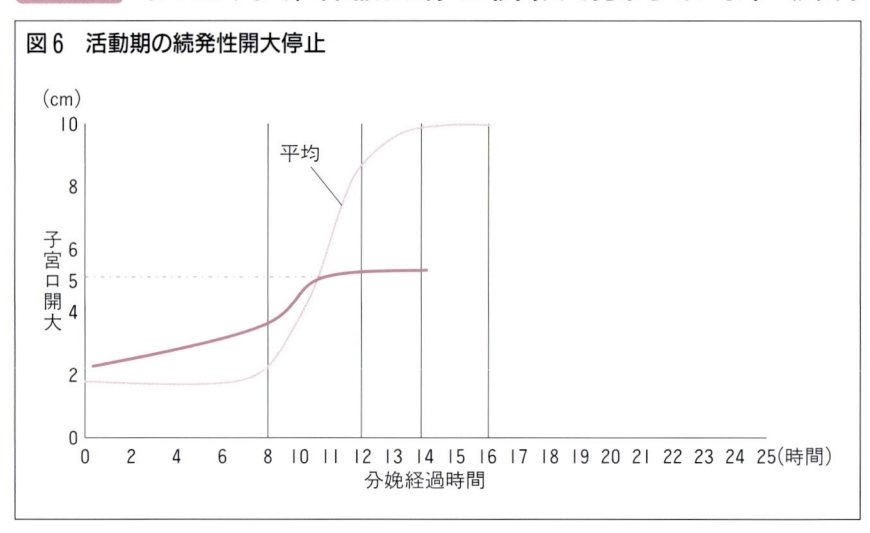

図6　活動期の続発性開大停止

【診断】

活動期の続発性開大停止です。これは活動期の最中にそれまで進行していた頸管の開大が止まってしまうものです。パルトグラム上では分娩進行カーブが平坦になります。分娩停止（arrest disorder）が 2 時間になると何らかの対応を考える必要が出てきます。

【原因】

以下の 2 つの要因が挙げられます。
- 子宮の収縮が頸管開大に不十分で効果的に作用していない。
- 十分効果的な陣痛が発来しているにも関わらず，頸管開大が止まってしまう。

不十分な子宮収縮は児頭骨盤不均衡や胎児の位置異常としばしば関係しています。

【予後】

お産の進行が遅くても，それが子宮筋の疲労によるものだけであれば，安静と水分（または糖水）の補給で再びお産は進行すると考えられ，人工破膜と陣痛促進薬の点滴が奏功します。

子宮頸管強靱の場合は，十分効果的な陣痛が発来していても頸管は開大しないので，頸管熟化促進を考えます。用指鈍性頸管拡張術や卵膜用指剥離などが奏功します。

原因が児頭骨盤不均衡や胎児位置異常などと判明すれば，原疾患に合わせて治療を行ないます。一般的には帝王切開が選択されます。遷延分娩と分娩停止は子宮口の開大と児頭の下降により診断されます。

症例4 陣痛発来から5時間後に子宮口4cm開大だった経産婦が、それから6時間経過しても6cmまでしか開大しません。陣痛周期は3分で規則的です（図7）。

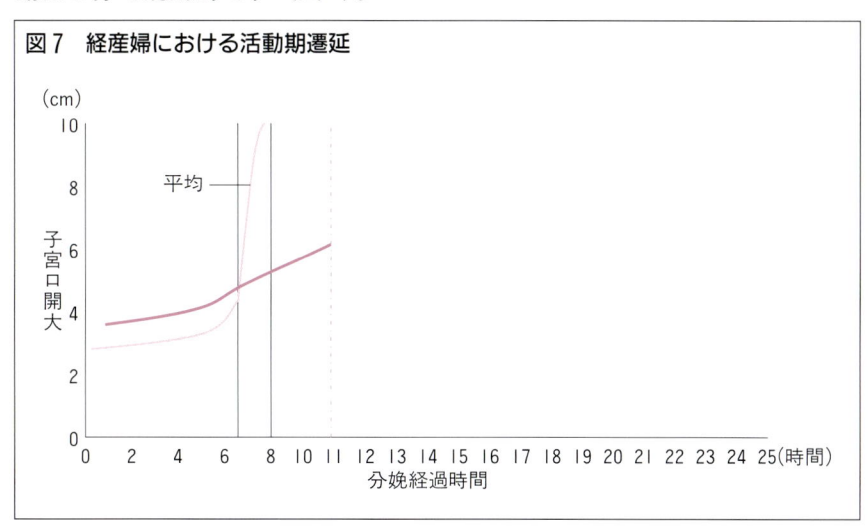

図7 経産婦における活動期遷延

【診断】

　経産婦における活動期遷延です。経産婦では活動期が6時間以上（平均2.5時間）、あるいは頸管開大が1時間に1.5cm以下のときに活動期遷延といいます。前回のお産がスムーズだったからといって今回もそうとは限りません。ほとんどのお産は経腟分娩ができますが、吸引・鉗子分娩（しばしば中位鉗子）や、帝王切開（25％程度と高率）にならないように対処することが大切です。

【特徴】

　経産婦に起こる遷延分娩の特徴を以下に示します。
・頻度は1％以下
・巨大児が多い
・胎位の異常が問題の1つ
・産後出血の危険がある
・多産婦（grand multipara）では子宮破裂の危険も否定できない

【ポイント】

　この症例では陣痛は3分間欠でやや弱いながら一応続いています。しかし子宮口4cm開大から6cm開大まで6時間かかっているため、活動期遷延であることは確かです。回旋異常の有無を確認し、児頭先進部のステーションを把握したうえで異常がなければ、散歩や足浴などを行なってみるのがよいでしょう。積極的な対応を希望される場合は用指鈍性頸管拡張術を行なってみましょう。音楽を聴きながらリラックスするのも1つの方法です。アロママッサージなども試してみる価値があります。

症例5 初産婦が子宮口4cm開大から3時間経ちましたが，それ以上開大してきません．4時間前に破水し，子宮頸管は硬く，硬いリングに囲まれた児頭先進部に産瘤が触れますが，陣痛は正常に発来しています（図8）．

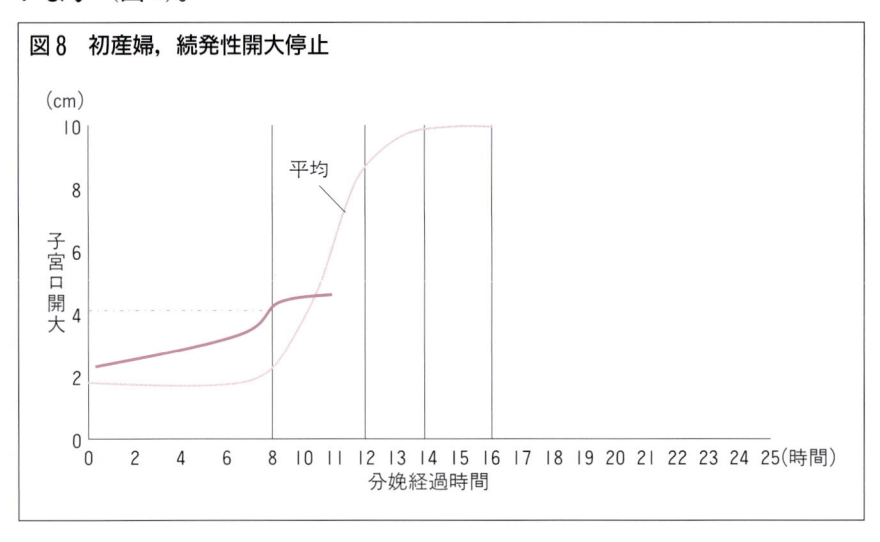

図8 初産婦，続発性開大停止

【診断】
　続発性開大停止と頸管強靱による産瘤形成です．

【対応】
　以下の対応を行ないます．
①物理的要因を注意深く除外します．児頭骨盤不均衡とともに胎位・胎勢異常，回旋異常を必ず除きます．
②産婦の疲労が原因の場合は，サポート，休息，水分補給，電解質補給が必要です．できるだけリラックスすることが頸管開大につながります．
③回旋異常を伴っているときには，散歩をしたり，四つん這いの体位をとったりして，正常回旋に戻るかを確かめましょう．
④頸管が硬く開大が滞っているときには，頸管刺激（症例6参照）を行なってみるのも1つの策です．
⑤児頭骨盤不均衡では帝王切開が行なわれます．
⑥児頭骨盤不均衡や胎児ジストレスがない大部分の産婦には，陣痛促進薬の点滴が行なわれます．

【予後】
　前述の対応により以下の4つのいずれかの結果になるでしょう．
・急速に子宮口全開となり経腟分娩となる．
・ゆっくりと全開となり経腟分娩となる．
・進行が極めて遅く，結果的に4〜6時間後には帝王切開が選択される．
・何も進行がなく，2時間後には帝王切開となる．

【ポイント】
　胎児機能不全がなければ急速遂娩を試みる理由はありません。この症例では頸管強靱が重なっているので，あわてて陣痛促進薬（特にオキシトシン）を投与するとますます産瘤が大きくなり，胎児機能不全を誘発する危険があります。破水していなければゆっくり入浴してリラックスすると，再び有効陣痛が発来するものです。

症例6 初産婦が子宮口6 cm 開大から3時間が過ぎました。子宮全体が強くもなく弱くもなく緊張していて，鋭い痛みは感じるものの子宮口は相変わらず6 cm 以上開大してきません（図9）。

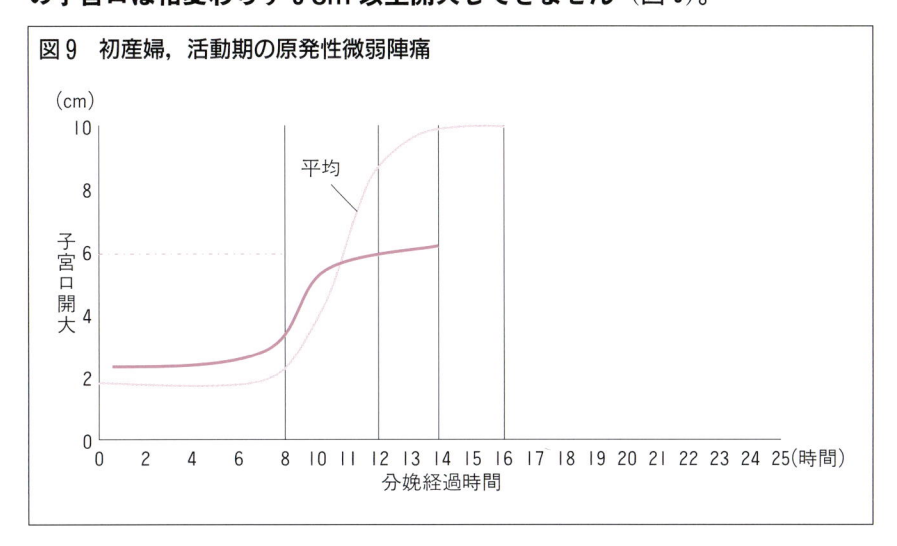

図9　初産婦，活動期の原発性微弱陣痛

【診断】
　活動期の原発性微弱陣痛です。原発性微弱陣痛とは頸管開大が1時間に1.2 cm 以下の場合で，有効な陣痛が発来しても頸管の自然な開大はめったに起こりません。他の合併症がなければ母児への危険はほとんどありませんが，診断がつきしだい何らかの対応が必要です。分娩が進行するようになり胎児機能不全が認められなければ，頸管開大がゆっくりでも特別な注意や対応は必要ありません。

【対応】
　以下を考慮し，対応してください。
①母児が元気であれば産道障害を伴うような操作は行ないません。ゆっくりとお産が進行するようにもっていきます。
②産婦を励まし，母児が元気であることを保証し，安静と水分・電解質の補給を行ないます。
③人工破膜は推奨できません。分娩停止は人工破膜後に起こることが多いからです。ほとんどの症例で人工破膜は分娩経過に有効に働かないばか

1. 遷延分娩と微弱陣痛

りか，いったん人工破膜した後の遷延分娩では上行感染が増加します。もしも人工破膜を選択しようとするときは，このことを心に留めておくべきです。

④オキシトシン点滴に関しては賛否両論があります。分娩進行の改善に効果がないという報告と，有効であったという2つの報告が拮抗しているからです。

【予後】

原発性微弱陣痛の2/3は正常分娩となりますが，20％は中位鉗子，10％は帝王切開となります。続発性開大停止につながると予後は不良です。

【ポイント】

この症例は陣痛が弱く，張り返しの状態が続いていると考えられます。張り返しとは，「子宮全体が強くも弱くもなく緊張し，鋭い痛みは感じるものの，頸管の開大は止まり，分娩進行にはつながらない」ものです。いわゆる微弱陣痛と呼ばれる状態で，車にたとえれば車輪の空回りのようなものです。

活動期後半に張り返しが来てしまった場合は，人工破膜による陣痛促進が奏功することがあります。先述したように人工破膜は推奨できませんが，破膜を行なうなら頸管の7～8 cm開大時が実施のチャンスです。陣痛促進薬を使えない助産師にとって破膜は陣痛促進のための「伝家の宝刀」です。しかし破膜をしてもお産が滞りまったく進まないと，感染などの2次的な問題が起こる危険があります。また，羊水混濁例での破膜はまれに羊水塞栓症をきたす危険があり，破膜は必要最小限にしたいものです。

張り返しに際しては破膜をせずに頸管刺激や卵膜用指剥離による陣痛促進も効果が期待できます。内診2指で頸管を刺激し，内子宮口周囲の卵膜を子宮壁から少し剥離させるものです（29頁）。うまくいくとこれだけでお産が急に進行し，娩出にまでもっていけます。そのためこの診察指を「golden finger」と呼んでいます。内診と頸管刺激はサイトカインの誘導を引き起こし，子宮収縮強化と頸管熟化に効果的です。

張り返しのときにはお産の停滞以上にケアの停滞に注意が必要です。助産師は常にあきらめずにケアし続けることがよいお産につながります。足浴，半身浴，アロマセラピーなども行なってみましょう。長い経過を共有し，ともに悩むことのできる助産師がそばに付き添ってかける言葉の重みは産婦にとってかけがえのないものです。

なお，症例3（図6）と症例6（図9）はほとんど同じような形の曲線を示していますが，その内容は異なります。

症例7 初産婦が子宮口8cmとなりましたがステーション+1cmのままで，4時間経ってもそれ以上児頭が下降してきません（図10）。

図10 児頭先進部の下降なし：分娩停止

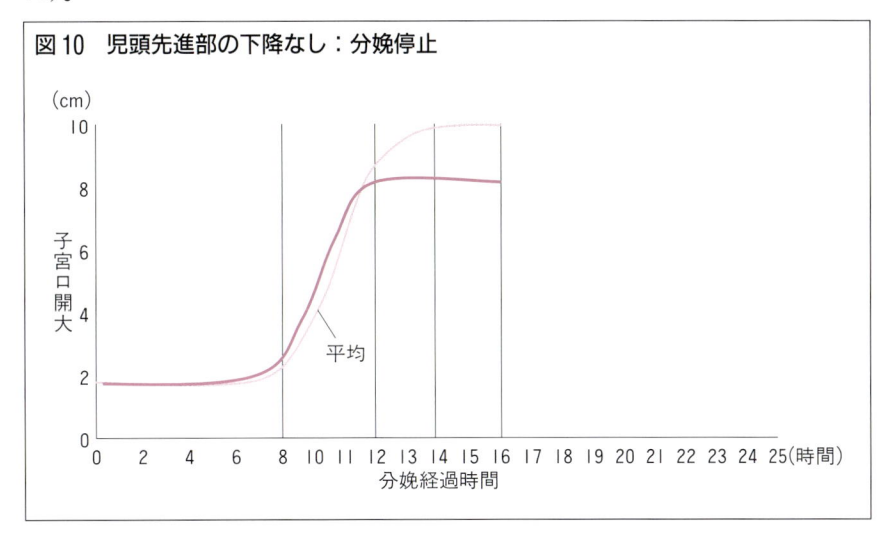

【診断】

児頭先進部の下降なし（failure of descent）＝分娩停止です。

【対応】

一般的な対応として，胎児の下降がうまくいっていない場合は，
- 何が原因で先進部が滞っているのか
- 子宮底を圧迫して先進部を押し下げることができるか
- 分娩進行が止まった原因は骨産道か頸管か
- 児頭は骨盤に比較して大きすぎないか
- 子宮収縮に問題はないか
- 数時間以内に娩出に持ち込めるか

などを把握しておくことが大切です。

胎児心拍数に異常がなく回旋異常が原因と考えられる場合には，散歩や体位変換を試みてください。また，後述する「回旋異常が疑われるときの対処法」（63頁）での対応を参考にしてください。

【予後とポイント】

以下のような医学的対応が考えられます。

- 児頭骨盤不均衡では帝王切開となります。困難な鉗子分娩は行ないません。
- 児頭骨盤不均衡はなく頸管強靭のときには，硬膜外麻酔が産痛軽減とリラックスに働き分娩が進みます。もしそれでも児頭の下降が不十分であれば，オキシトシンの点滴を行ないます。この場合は胎児心拍数モニタリングと陣痛のモニタリングを続けます。これによりお産の進行は安定

して経腟分娩となるでしょう．もしこの方法に失敗すれば帝王切開となります．
- 単に産婦が疲労しているだけと判断したら，食事をとってもらい，リラックスさせて有効陣痛が来るのを待ちます．

症例 8　**初産婦があとわずかで子宮口が全開大になります．しかし，厚い子宮頸管の前唇が児頭と恥骨の間に挟まって全開にならず，児頭も下降しません**（図11）．

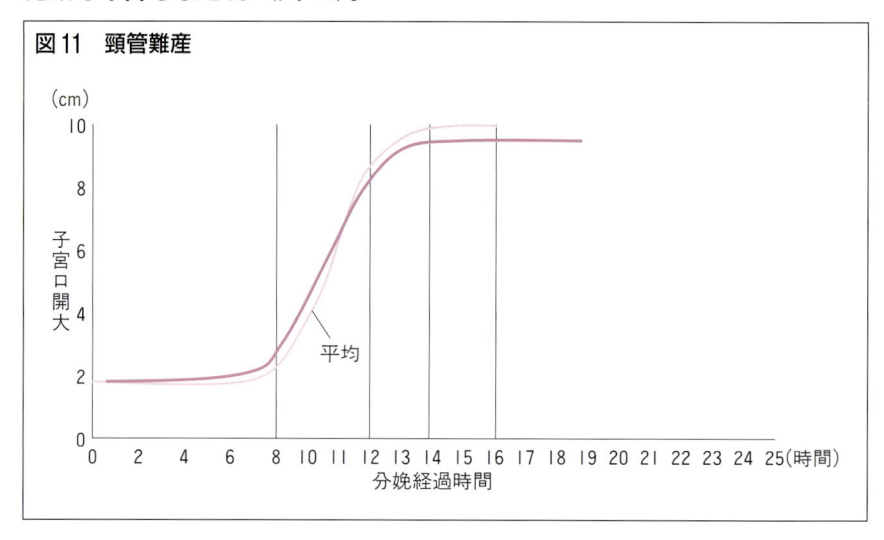

図11　頸管難産

【診断】
　この状態を頸管難産（cervical dystocia）といいます．

【対応】
　以下の対応で改善を試みます．

①厚い子宮頸管前唇が児頭と恥骨の間に挟まれているときは，陣痛間欠時に児頭より上に前唇を押し上げます．子宮頸部の前壁に膨らんで児頭の下降を妨げている部分を，内診指で奥に押し込みます．このとき軽く腹圧をかけてもらうと膨らんだ部分が児頭の奥に戻りやすくなります．ちょっと刺激的な方法です．

②頸管の薄い柔らかな辺縁が触れるときも，愛護的に頸管を児頭より上に押し上げます．

③四つん這いの体位をとるとしばしば改善します．子宮頸部前壁がまだ少し残っているときには四つん這いの姿勢をとり，頭を床につけてお尻を持ち上げる姿勢を促してみましょう．頸管前壁は数回の子宮収縮の後に消失します．

④もし頸管の開大が5cm以下で頸管が浮腫状に膨れ上がっている場合は，経腟分娩はかなり困難です．急速分娩が必要なときには帝王切開を

行ないます。

【ポイント】

陣痛促進薬を使うのはやめましょう。陣痛促進薬を用いると陣痛は強くなりますが,頸管の軟化・開大には効果がなく,厚い子宮頸管に強い圧だけがかかり頸管裂傷を招き,胎児機能不全を引き起こすことがあります。

症例 9 初産婦が子宮口が全開大してから 2 時間が経過しました。母児に特別な異常はありませんが,このまま待っていてもよいのでしょうか(図 12)。

図 12 分娩第 2 期遷延

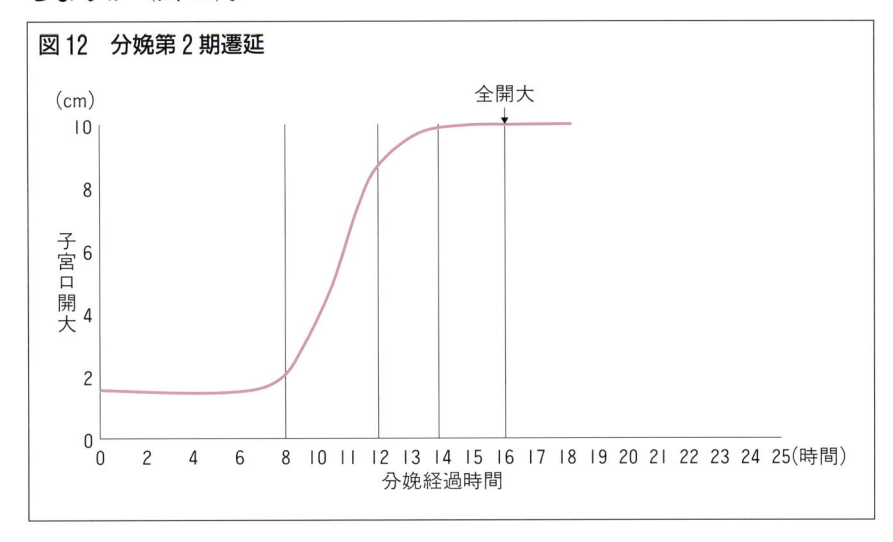

【診断】

これは分娩第 2 期遷延で,子宮口が全開大した後にお産が遷延するものです。分娩第 1 期後半に児先進部の下降が進行したら,分娩第 2 期も引き続き良好な進行を示すのが普通です。下降の停止は危険徴候であり,何らかの問題が存在することを示しています。

以前は 2 時間以上にわたって児先進部のステーションが変化しないときを分娩第 2 期遷延としていましたが(2 時間ルール),最近では胎児に問題がなければさらに延長しても構わないとしています。

初産婦の分娩第 2 期遷延のリスク因子として,以下が挙げられます。

・低身長(150 cm 以下)
・35 歳以上の高齢産婦
・41 週を超えた妊娠週数
・子宮口全開大時の先進部の位置が高い(SP+2 以上)
・後方後頭位
・その他

【原因】

以下に挙げる原因が考えられます。

①児頭骨盤不均衡
- 狭骨盤（細長型骨盤，恥骨弓開角狭小骨盤）
- 巨大児

②胎位・胎勢異常

③有効陣痛にならない（ineffective labor）
- 原発性微弱陣痛
- 子宮筋の疲労：続発性子宮収縮不全（secondary inertia）
- 収縮輪
- いきみができない

④軟産道難産
- 狭い産道
- 会陰強靱

通常は細長型骨盤や男性型骨盤で恥骨弓開角が狭いため，児頭が後方回旋下降を余儀なくさせられることと，腟や骨盤底筋群が硬いために児頭が過度の抵抗を受けるため，お産が遷延すると予想されます。

【分娩第2期が2時間以上経過したらお産はどうなるか】

フリースタイルでの出産が行なわれるようになり，分娩体位によって分娩時間が変わることにより，胎児機能不全の徴候がなければ2時間ルールを守る必要がなくなりました。では分娩第2期はどのくらいの時間なら待っていても大丈夫でしょうか。

Cohen[4]は，分娩第2期が2時間を超えても新生児死亡は増加しないと報告しています。また，分娩第2期が6時間以上経過しても新生児予後に影響はありません。しかし分娩第2期が3時間を超えると帝王切開や産科手術が増加し，5時間を超えると自然分娩は10～15％程度に低下します。

Myles & Santolaya[5]によると，分娩第2期が4時間以上経過すると帝王切開，産科手術，周産期分娩障害，産後出血，絨毛膜羊膜炎など種々のトラブルの発生頻度が高くなることがわかります。

分娩第2期遷延の場合は，6時間以内にお産にもっていけるよう努力することが必要です。

【予後とポイント】

発露後の分娩第2期の遷延では，ほとんどの症例で胎児心拍に一過性徐脈（deceleration）が出現します。これを2nd stage decerelationと言います。それまで徐脈が出現しなかったのに，この時点で初めて出現した場合は，児頭が産道で圧迫され圧受容体が反応したための徐脈がほとんどで，酸欠によるものではありません。多くの児は高アプガースコアで娩出

されます。

　分娩第2期遷延で吸引分娩を行なうときは，子宮周囲の靱帯を損傷したり骨盤内の神経を圧迫したりしますので，できるだけゆっくりと愛護的に行なう必要があります。

回旋異常が疑われるときの対処法

　遷延分娩の原因になる回旋異常にも，さまざまな種類があります。顔位や額位の場合には産科医へのコンサルテーションが必要ですが，後方後頭位や前方前頭位では自然に回旋して正常回旋になることが多いので，経過をみながら種々の対応を試みることも大切です。
　ここでは分娩第1期と第2期での対応について考えてみましょう。

分娩第1期の対応

　分娩第1期では以下の対応をします。
①自然経過や体位の工夫で正常な回旋に直る可能性が高いことを説明し，産婦に不安を与えないようにします。
②回旋異常を直す場合には四つん這い，スクワットなどが効果的だと説明します。疲労しないようにビーズクッションを利用したり，壁に寄りかかって過ごしたりするのも効果的です。側臥位であれば抱き枕を用意したり，足の間に枕を挟んだりするだけで緊張を解きリラックスすることができます。
③回旋異常のお産は時間がかかることが多いので，体力維持に努めます。そのため，こまめにカロリーを補給することを勧めましょう（栄養ドリンク，ジュース，おにぎりなど）。
④リラックスに留意して，身体の冷えに気をつけるよう指導しましょう。室温に留意し，タオルケットなどで直接保温に努めるだけでなく，余裕があれば足浴や半身浴，入浴などを積極的に勧めましょう。

分娩第2期の対応

　分娩第2期では以下の対応をします。
①分娩第2期の2時間ルールは考えず，児心音に異常を認めなければ四つん這い，スクワットなどを試みるよう勧めましょう。
②分娩停止と確認できたら，吸引・鉗子分娩あるいは帝王切開が選択されるかもしれません。その場合には，産婦が「自分のお産は失敗だった」という心の傷を残さないように気を配ることが必要です。必ず産婦とともにバースレビュー（分娩の振り返り）を行ないましょう。

2 破水と羊水混濁，胎児 well-being

　たとえ正常分娩であっても，破水は常に生じる可能性があります。ことに早産期の前期破水（PPROM）の場合には胎児感染の危険があり，分娩経過を注意深く観察する必要があります。また，破水後には羊水過少に注意し，胎児心拍数を厳重に監視し，羊水混濁時には胎便吸引症候群（MAS；meconium aspiration syndrome）を常に念頭に置いてお産に携わらなければなりません。

破水入院の際の対応

　お産は陣痛や産徴（おしるし）以外に破水で始まることも少なくありません。10分ごとの陣痛発来やおしるしでは特に気をつかう必要はありませんが，破水の場合にはさまざまな問題を伴うことがあるので注意が必要です。

　たとえば骨盤位の場合には臍帯脱出の危険があり，羊水がたくさん流出してしまうと羊水過少になる危険があります。羊水過少は臍帯圧迫の危険を高めます。経産婦で破水すると分娩進行が早くなり，車中分娩や街路産などの危険が伴います。また，破水に気づかず長期間放っておいた場合には胎児感染の危険があります。

産婦の不安に対して

　「生温かいお湯のようなものが流れてきます」「下着が湿っていますが，破水かおしっこかよくわかりません」。助産師はこんな電話を受けることがよくあります。産婦からの問い合わせの電話を受けたら，瞬時にそれが破水かどうかを考えてください。

　破水との鑑別をするには，以下の3点を考慮してください。
- 尿漏れか
- おりもの（帯下）の増量か
- 水溶性の腟分泌物か

　状態と状況の把握をする際は，以下の4点を産婦に確認してください。
- いつ頃始まったか（破水した時間の確定）
- まだ流出感が続いているか
- 出量は多いか，少ないか

・においや色（赤，黄色，緑っぽい色など）が下着についていないか

来院までの対処の指示

破水，またはその疑いがあると判断したら，産婦に以下の指示を出します。
・入浴，シャワー浴はしない
・清潔なパッドを当てて来院する
・経産婦はお産の進行が早いため，できるだけ早めに来院する

情報の収集と分析

破水の場合には助産師は以下のようなことを確認し，産婦の到着を待ちます。
①予定日はいつか
②初産婦か経産婦か
③妊娠経過中に合併症のような問題を指摘されていないか
④胎位に問題はないか（骨盤位ではないことを確認する）
⑤胎児の発育は正常か
⑥産痛はあるか
⑦胎動は感じるか
⑧来院手段と来院までの時間はどれくらいかかるか
⑨血性羊水でないか

自然なお産をめざす助産師にとって破水は一大事です。胎児感染や羊水過少などの問題が発生しないかどうか，注意深い対応が必要です。

破水の有無の確認法

破水の診断

下着が濡れるほどの流出があれば破水の診断は容易です。しかし水量が多いときには尿漏れの場合もあるので，肉眼的視診だけで安易に破水と断定せず，必ずクスコ診で次のように破水の確定診断を試みましょう。
・クスコ診で頸管から羊水が流出してくれば破水です。
・クスコ診で後腟円蓋部に羊水がたまっていれば，破水は間違いありません。
・はっきりしない場合には腟内容液のpHを調べる方法が一般的です。

腟分泌液のpHは通常4.5〜5.5で，羊水のpHは7.0〜7.5であるため，血液や精液が混じっていなければpH 6.5以上なら破水と診断できます。一般にはクスコ腟鏡診を行ない，乾綿球で腟分泌液を拭き取り，

表2　破水の診断法
　従来の破水の診断法
　　(1) 視診
　　　①肉眼的観察＝羊水流出
　　　②クスコ診（pooling）
　　(2) 羊水性状による診断法
　　　①pH 測定法
　　　　a）BTB（ブロムチモールブルー）：黄色→青（pH 6.2〜7.8）
　　　　b）Nitrazine 法：黄色→青（pH 4.5〜7.5）
　　　②羊水中コリンエステラーゼ活性証明法（Acholest 法）：黄色→青
　　　③シダ状結晶証明法
　　(3) 胎児成分確認
　　(4) 羊水中色素注入法（インジゴカルミン色素）
　新しい破水の診断法
　　(1) がん胎児性フィブロネクチン（FFN）判定法（ロムチェック）
　　(2) αフェトプロテイン（AFP）判定法（アムテック）
　　(3) PROM test（Insulin-like growth factor）

BTB（bromthymol blue：ブロムチモールブルー）をその上にスポイトでたらして，黄褐色の原液が青変すれば破水と判定します。

現在用いられている主な破水の診断法を**表2**に列記します。

低位破水と高位破水の鑑別

肉眼的羊水流出を確認できれば破水と診断できますが，卵膜破綻部位がどこであるのかを確認するには，正確には羊水鏡で卵膜の有無を確認するしかよい方法はありません。臨床的には子宮頸管を通して，用指的に胎児頭部を直接触れることができれば低位破水であることが確認できます。また，子宮口が開いていれば直視下に児頭髪を確認できます。

流出量の少ない高位破水，あるいは偽羊水破水を正確に判定したいときにはPSP（phenol-sulfonphthalein）法で確認し，陽性であれば高位破水，陰性であれば偽羊水破水と診断します。

破水後の羊水量測定は必要か

破水の程度にもよりますが，家で下着がびっしょりと濡れるほど羊水が流出したと思われる場合は，羊水量が減少している可能性があります。いわゆる羊水過少となると臍帯圧迫などに伴い胎児ジストレスを併発する危険があるので，入院後，経腹超音波検査で羊水量の測定を行なうことが必要です。羊水量の測定は羊水ポケット（MVP；maximum vertical pocket）測定と羊水指数（AFI；amniotic fluid index）測定の2種類があります。

・**羊水ポケット（MVP）測定**：1 cm 未満を羊水減少（過少），1〜2 cm

を境界型，2.1〜8 cm 未満を正常，8 cm を超える場合を羊水過多とします。
- **羊水指数（AFI）測定**：5 cm 以下を羊水過少，24 cm 以上を羊水過多とします。

ただし，超音波検査で求めた羊水量は，羊水ポケットで求めても羊水指数で求めても真の羊水量とは 25％程度の誤差があることを覚悟しておかなければなりません。

破水から娩出までの時間が長引いたときの対応

Cardeyro-Barcia ら[6]は 517 例の正常な自然分娩で，分娩第 2 期に破水した頻度は 66％であったと報告しました。Fraser ら[7]は自然分娩例の約 60％が頸管開大 8 cm 以上で自然破水したと述べています。

破水すると 24 時間以内に 80％以上の症例で陣痛が発来します。児娩出までに破水後 24 時間以上が経過すると，重篤な子宮内感染の危険性が高まります。

分娩誘発は，自然陣痛を期待しての待機に比べて，新生児感染率や帝王切開率にはほとんど差が認められませんが，絨毛膜羊膜炎や分娩後の母体発熱を減少させます。したがって，分娩誘発のほうが望ましいと考えられますが，分娩誘発と待機両群の違いは大きいものではなく，いずれも選択肢となります[8]。

破水であることが確認できたら，まず内診で頸管熟化を確認し，その後の方針を考えます。

●**頸管熟化良好**
通常は分娩誘発が図られます。待機することによる利点は何もありません。

●**頸管熟化不良**
この場合には 2 つの選択肢が考えられます。
- **待機**：80〜90％の産婦では 24 時間以内に自然陣痛の発来があります。24 時間は経過を観察し，もしも 24 時間を経て自然陣痛が発来しなければ分娩誘発とします。
- **分娩誘発**：プロスタグランジン E_2（PGE_2）の内服を行なうと頸管熟化と陣痛発来が一緒に生じます。この方法で頸管が熟化したと確認でき，陣痛が弱いと判断したら，陣痛促進薬の点滴による陣痛促進を図ります。

破水に伴う母児の感染の診断

胎児感染徴候

　破水後陣痛が発来してもお産が遷延すると母児感染の危険が高くなります。臨床的感染徴候として Lencki ら[9]は，

- 母体発熱：38℃以上
- 母体頻脈：100/分以上
- 子宮の圧痛
- 腟分泌物
- 羊水の悪臭
- 白血球数（WBC）：1万 5000/mm^3 以上
- 胎児頻脈（160 bpm 以上）

などを挙げていますが，この状態では子宮内にすでに感染が蔓延していることを示しています。これらの感染徴候が少しでも認められたら児娩出を急ぐことが必要です。

GBS（＋）の産婦が破水して入院してきた場合

　アンピシリン（ABPC）を入院時に 2 g 点滴静注し，その後分娩まで 4 時間ごとに 1 g 点滴静注を行ないます。ABPC 投与時期と新生児保菌者の割合をみると，

　　ABPC を投与せず　47％
　　分娩前 1 時間以内　46％
　　分娩 1～2 時間前　29％
　　分娩 2～4 時間前　2.9％
　　分娩 4 時間以上前　1.2％

であり，垂直感染予防のためには，分娩 2 時間前までに ABPC の投与を行なっておくことが必要です。

羊水過少に伴う胎児心拍数の異常

　臍帯圧迫に伴う変動一過性徐脈，遷延一過性徐脈，跳躍パターン（saltatory pattern）などの出現が考えられます。変動一過性徐脈や遷延一過性徐脈が高度になると胎児機能不全（胎児ジストレス）の危険が高まります。破水後は胎児心拍数モニタリングを行ない，胎児の異常の早期発見に努めることが必要です。

羊水混濁とその問題点

妊娠末期の羊水の性状

妊娠末期の羊水は淡黄色透明で，その内訳は胎児尿が約80%，肺胞液が約20%で構成されています。

胎便と羊水混濁

胎便は，在胎10〜16週頃から胎児の消化管内にみられます。満期の児には60〜200 gの胎便が存在します。胎便には胎児の胆汁や消化酵素を含んでいます。

羊水混濁とは，胎内で児が胎便を排泄し，羊水が淡緑黄色から暗緑色に混濁した状態です。

胎便が満期まで排泄されない理由としては，
・子宮内では腸管蠕動運動が比較的少ない
・肛門括約筋が収縮している
・粘性の高い胎便が直腸内に存在している
などが挙げられます。

羊水混濁の頻度

Wiswellら[10]は，羊水混濁は分娩の5.6〜24.6%（中央値14%）にみられ，在胎37週以前ではほとんどみられないが43週以降では35%以上で認められると報告しています。Clearyら[11]は3つの論文をもとに羊水混濁が発生する週数をまとめました（**表3**）。

羊水混濁がなぜ問題なのか

羊水混濁は成熟胎児の生理的現象です。また，一過性の臍帯圧迫により

表3 羊水混濁の頻度（%）

発生週数	Edenら（1987年）	Usherら（1988年）	Steerら（1989年）
〜36週			3
36週			⎤
37週			├13
38週			⎦
39週	14	⎤15	
40週	19	⎦	⎤19
41週		27	⎦
42週	26	⎤32	⎤23
43週〜	29	⎦	⎦

(Cleary GM, et al: Pediatr Clin North Am, 45: 511-529, 1998)

低酸素症が胎児に発生すると胎便排泄が生じます。単に羊水が混濁しているだけなら大きな問題は生じませんが，絨毛膜羊膜炎（子宮内感染）や胎児の低酸素状態やアシドーシスが続くと，胎児は胎内で「あえぎ呼吸（gasping）」を起こし，MASや胎児感染（肺炎など）を併発するため問題となります。

胎便による胎児への影響には多彩なものがあります。胆汁や消化酵素は化学性肺炎を引き起こし，またこれらは肺の表面活性物質であるサーファクタントの活性を阻害するので，出生後の肺胞虚脱につながります。また胎便で気道が閉塞されると無気肺，気胸，換気不全などを惹起します。胎便が臍帯や胎盤表面に付着すると，臍帯，胎盤表面の血管が収縮し胎児アスフィキシアを引き起こすともいわれています。

羊水混濁と胎児心拍数モニタリング

羊水混濁時の胎児心拍数モニタリング所見

羊水混濁がある場合は，他の症状によって対応が異なります。
- 中等度変動一過性徐脈，遷延一過性徐脈の出現があり，細変動がみられないときは「胎児機能不全」を考えます。
- 胎児頻脈の出現，母体発熱，痛みを伴うお腹の張りが認められたら「胎児感染」を疑います。

羊水混濁が（＋）で，軽度・中等度変動一過性徐脈，軽度遷延一過性徐脈が認められるが細変動は保たれている場合には，体位変換をしながら経過観察とします。児娩出時は，児が混濁羊水を肺に吸引しないように注意します。

羊水混濁は胎児低酸素状態を表わさないと考えてよいのか

日本産科婦人科学会「産婦人科診療ガイドライン―産科編2008」では，羊水混濁であっても，
①羊水混濁の有無で胎児・新生児pHに差は認められない。
②胎児心拍数パターンが正常な場合，少なくとも酸塩基平衡状態に関しては羊水混濁の有無により差はない。
③MASを合併した多くの新生児はアシドーシスでない。
という理由から，羊水混濁は胎児低酸素状態を表わさないと考えてよいと結論しています。

羊水混濁の多くは胎児成熟を反映したものであり，低酸素によるものはきわめて少ないことがわかっています。ただし，胎児心拍数パターン異常と羊水混濁を同時に合併したときはアシドーシスがあり，蘇生を必要とす

図13 MASの胸部X線写真

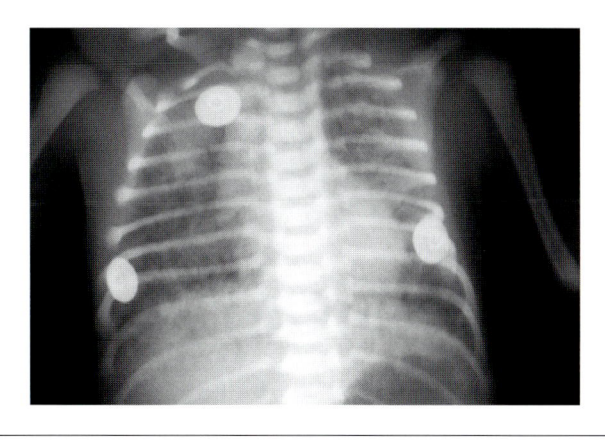

る新生児が増えます[12]。

羊水混濁での他の新生児合併症―MASを中心に

羊水混濁での新生児合併症

Nathanら[13]は羊水混濁（＋）群と羊水混濁（－）群に分類し，1分，5分のアプガースコア≦3点，臍帯動脈血pH≦7.0，生後24時間以内のけいれん発生率の3項目を用いて比較したところ，羊水混濁（＋）群に有意に高かったと報告しています。

MAS（胎便吸引症候群）

胎便で混濁した羊水を，児が子宮内で肺に吸い込むことにより生じる疾患です。Clearyら[11]は羊水混濁のあった児のうち，1.7～35.8%（中央値10.5%）がMASを合併し，そのうち49～37%（中央値12%）が死の転帰をとったと報告しています。写真は肺胞が羊水で満たされたMASの胸部X線写真です（図13）。

羊水混濁時の注意事項として，
・低酸素症やアシドーシスの有無を確認する
・第一呼吸の際に混濁羊水を気道内に吸引しないようにする
・感染の併発の有無を確認する
が挙げられます。

出生時に元気のない児では，出生直後第一呼吸前に気管内吸引は実施すべきでしょう。羊水混濁がない場合は，児頭娩出後，肩甲娩出前の吸引は必要ありません。

Raminら[14]は8000例の羊水混濁を合併した胎仔の臍帯血を解析し，

純粋な代謝性アシドーシスに比してP_{CO_2}（二酸化炭素分圧）が異常に上昇していることから，MASが急性の出来事であるとしました。そして高二酸化炭素血症が胎仔において「あえぎ」を誘発し羊水吸引を増加させることから，胎児の高二酸化炭素血症が胎便吸引に促進的に作用し，アシドーシスが二次的に肺損傷を引き起こすとの仮説を立てました。しかしMASの約半数は出生時にアシドーシスを示さず，この理論ではすべてのMASを説明することはできません。

3 過期産

妊娠42週を過ぎた出産を過期産といい，胎児罹病率や死亡率が高くなるため，これまで厳重な管理が行なわれてきました。最近では予定日を過ぎた場合にはできるだけ早期に児娩出を図ることが推奨されているようです。しかし過期産の特徴を十分に理解してお産に臨めば，胎児死亡をそれほど危惧する必要はありません。ここでは予定日を超過した場合の病態生理と管理法を説明します。

過期産の定義と頻度

定義

過期産は，「最終月経開始日から計算して妊娠42週（満294日）以後の分娩」と定義します。

頻度

米国では42週以降の過期産は6～12％で，43週になると3％程度と報告されていますが，わが国では0.9％程度です。米国では分娩予定日が正確に算出されていない妊婦が多く，わが国は超音波検査などで予定日を正確に算出されている妊婦が多いため，この差が出ています。

この病態の用語に関しては，過期産，予定日超過産などが用いられ一定していません。欧米でも post-term pregnancy, postdates, prolonged pregnancy などいろいろな使い方がされています。ただし，postdates はどの日にちをもとにしているかが明らかでありません。すなわち40週0日の予定日過ぎか，満42週0日過ぎかがはっきりしていないのです。前者は予定日超過（postdates）で，後者は過期産（post-term）という

ことになりますが，この両者の間に2週間の隔たりがあるため混乱を招く危険があり，日本産科婦人科学会では「予定日超過」という用語を使わないよう勧告しています。『ウイリアムス産科学』ではpost-termを用いています[15]。

過期妊娠の捉え方の歴史的変遷

巨大児から過期産児へ

過期妊娠に関する最初の報告はBallantyneが1902年に発表したものです。この論文では過期産児は大きくなりすぎて児頭骨盤不均衡による難産を引き起こすことが問題とされました。1940年代になりClifford[16]が，過期妊娠の中には出生体重がむしろ小さめで，かつ周産期死亡率が高い児や後遺症を残す児が多いことを報告しました。その後，この病態は胎盤機能不全を主徴とした胎児低酸素症であると判明しました。この結果，過期産に対する関心は，胎児が大きくなることによる難産対策から，post-maturity（過熟徴候）に伴う胎児発育障害や栄養不足という相反する概念へと移行していきました。

病態の探求から予防的な解決をめざして

1958年Sjostedtら[17]は，Cliffordの報告した過熟徴候（Clifford sign）を示す児は予定日前にもすでにみられると報告し，彼らは「post-maturity」という用語を「dysmaturity」に置き換えることを提唱しました。その後1950年代後半にオキシトシン点滴による分娩誘発法が確立されると，過期妊娠の病態の探求とは別に，妊娠42週以前に分娩を完結させる予防的な解決策に目が向けられるようになりました。

過期妊娠の問題点

児への影響

過期妊娠の児はさまざまな姿で出生してきます。胎児の発育から，

Ⅰ群：正常発育児（AFD；appropriate for date）
Ⅱ群：胎児発育過剰型（大きな赤ちゃん，巨大児）
Ⅲ群：胎児発育障害型（過期産児：postmature infant＝dysmature infant）
Ⅳ群：胎児発育遅延（FGR；fetal growth retardation）児

の4種類の児が生まれてくる可能性があります。

過期妊娠には，頸管がまだ熟していない「頸管熟化不全型」と，頸管が熟している「頸管熟化型」があります。

しかしながら，病態から考えると，『ウイリアムス産科学』[18]に記載されているように，
- 過期産児症候群（postmaturity syndrome）
- 胎盤機能不全（placental dysfunction）
- 胎児ジストレスと羊水過少（fetal distress and oligohydramnios）
- 胎児発育遅延（fetal growth restriction）

の4項目が臨床上問題になるでしょう。これらはいずれも胎児の問題であり，それぞれが児死亡率や児罹患率に関わってきますので，十分理解しておく必要があります。

過期産児症候群とは

胎児は，発育速度は落ちるものの，分娩予定日を過ぎても妊娠42週まで発育を続けることがわかっています。そのため過期産児は正期産児に比較して発育過剰になることが多く，ときには4000gを超える場合もあります。発育過剰児は遷延分娩などの合併症を伴いやすいので，注意が必要です。

一方，胎児は十分発育して分娩予定日を過ぎたものの陣痛が発来せず，予定日を過ぎるとともに，胎盤の老化（aging）が進みます。すると，後述するアポトーシスなどにより胎盤の機能が落ちて（胎盤機能不全），胎盤を介した母体からの栄養供給が不足するためグリコーゲンの蓄積が減少し，徐々に栄養不足が進み，内臓が萎縮し，皮下脂肪が落ちてやせ始めます。そのため特徴的な容姿を呈しています。

このような特徴を示す過期産児症候群の児（dysmature infant）の頭は大きく，頭蓋骨は硬く，泉門は狭くなっています。皮下脂肪のなくなった皮膚は乾燥してしわだらけでなめし皮のようになり，肌はむけやすく，栄養不足を示す長く細い躯幹（身長は50 cm以上あり，正常成熟児より背は高いことが多い），眼を開き，易刺激性で，老人のような顔貌を呈しています。皮膚のしわは手掌と足の裏に顕著に認められます。予定日を過ぎるまではよい発育が続いたので，爪は長く伸びています。多くは羊水混濁のため全身が黄色に染まって生まれてきます。

過期産児症候群では2500g以下で生まれてくることが多いのですが，FGR児ではありません。なぜならやせて皮下脂肪は落ちてくるものの，出生体重はめったにFGRの定義にある妊娠週数の10パーセンタイル以下にはならないからです。

図14　過期産の病態

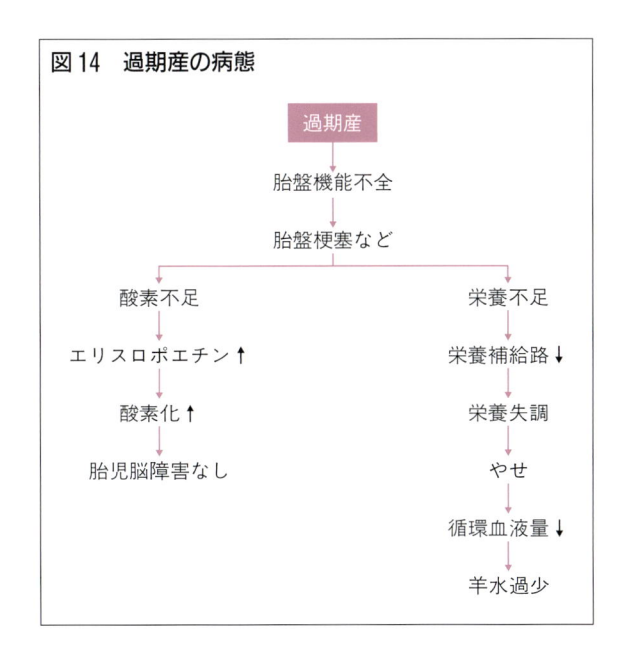

```
		過期産
		  ↓
		胎盤機能不全
		  ↓
		胎盤梗塞など
		  ↓
	┌─────────────┴─────────────┐
	酸素不足				栄養不足
	エリスロポエチン↑		栄養補給路↓
	酸素化↑				栄養失調
	胎児脳障害なし			やせ
						循環血液量↓
						羊水過少
```

　このような過期産児は妊娠41〜43週の間では10％程度に発症するとShimeら[19]は報告しています。過期産児症候群ではやせて循環血液量が減ってくるので，相対的に腎血流量が低下して尿量が減少して羊水過少を合併します。

　かつて過期産児は死産や重症仮死を伴い神経学的後遺症を残すといわれていましたが，Grubbら[20]は妊娠中の胎児死亡は1.12/1000，分娩中の胎児死亡はなかったと報告しています。おそらく昔の研究では過期産児の中にFGR児が含まれていたのでしょう。

過期産での胎盤機能不全とは （図14）

　Clifford[16]は過期産でみられるpostmaturity（過熟徴候）を胎盤機能不全によるものと推測していましたが，病理組織学的に証明したわけではありませんでした。しかし，SmithとBaker[21]は胎盤のアポトーシス，すなわち胎盤のプログラム細胞の死（programmed cell death）は妊娠36〜39週よりも妊娠41〜42週の時期により増加すると報告し，予定日を過ぎると胎盤の老化が問題であると唱えました。

　Jazayeriら[22]は胎児への酸素供給の減少は過期産の胎盤年齢（placental aging）と関係があるのではないかと考えました。エリスロポエチンは成人でも酸素の少ない環境にいると増加しますが，臍帯血中のエリスロポエチンは妊娠41週を過ぎると著明に増加することがわかりました。しかし，これらの児ではアプガースコアも血液ガスも正常であったた

め，過期産では胎児血の酸素化が徐々に低下するものの，酸素不足をエリスロポエチンが補っているのではないかと推論したわけです。

妊娠38週頃にピークに達した胎盤機能は，以後妊娠42週にかけてしだいに落ちていきますが，児の体重は増加し続け，胎児発育は予定日を過ぎても緩徐ながらも進行し続けるようです。Nahumら[23]は胎児発育は妊娠42週まで続くと結論づけました。

なお，過期産の胎盤は梗塞とカルシウム沈着（calcification）が著明で，胎盤重量も少ないことをしばしば経験します。

過期産における胎児機能不全（胎児ジストレス）と羊水過少とは

胎児が大きくなると酸素消費量も増加します。しかし，過期産では母体から胎盤への血流量はそれほど増加しません。そのため胎児は相対的酸素不足に陥る可能性があります。これを乗り越えるために過期産の胎児は前述のようにエリスロポエチンを増加させ，酸素の取り込み（oxygen extraction）を増やしているようです。

Levenoら[24]は過期産での胎児機能不全は羊水過少に伴う臍帯圧迫が原因であると考えました。過期産児に生じる心拍数異常は，胎盤機能不全に伴う遅発一過性徐脈ではなく，遷延一過性徐脈が多くみられたためです。また，変動一過性徐脈や跳躍波（saltatory baseline）なども観察されました。これらは臍帯圧迫に伴う一過性のストレス所見で，胎盤機能不全に伴うものではありません。

また，羊水過少と粘稠性の胎便（viscous meconium）も関連性があります。妊娠42週を過ぎると羊水量は減少します。減少した羊水腔に胎便が排泄され，濃縮した粘り気のある胎便で子宮内が満たされると，MASの危険が高まります。

Trimmerら[25]は妊娠38週から42週にかけて胎児の時間尿産生量が減少し，羊水過少になると報告しました。彼らは羊水過少により羊水嚥下が限られるために尿産生が減少するのではないか，と推論しました。Ozら[26]はドップラー血流計測を用い，過期産児の腎血流量は羊水過少に伴って減少すると報告しています。

過期産でのFGRのメカニズム

Divonら[27]，Claussonら[28]はスウェーデンにおいて，70万人の妊婦を対象に研究を行ないました（1991〜1998年）。妊娠42週を超えた過期産ではFGRの死産が多く，過期産での死産の1/3はFGRが原因でした

表4　過期産（妊娠42週）におけるFGR児の死産率への影響

(スウェーデン，1991〜1998年)

項目	妊娠期間	
	37〜41週	42週以降
出生数	46万9056	4万973
FGR（%）	1万312(2)	1558(4)
死産（対1000）		
・正常発育児	650(1.4)	69(1.8)
・FGR	116(11)	23(15)

(Divon MY, et al: Am J Obstet Gynecol, 178: 726, 1998, Clausson B, et al: Obstet Gynecol, 94: 758, 1999)

（**表4**）。Alexanderら[29]も過期産ではFGR児に死亡率，罹病率がきわめて高いと報告しています。過期産での死産の1/4はFGRで発生していることが判明しました。

　FGRは過期産で起こるわけではなく，すでに妊娠30週頃から発症している可能性が高いと考えられます。すなわち，胎盤の梗塞や壊死などにより胎盤機能が低下しているものの，分娩予定日になっても陣痛が発来せず過期産に突入すると，もともと栄養失調の胎児が胎盤の老化によりさらに胎盤機能不全が重なり，重症のFGR（severe FGR）になる可能性が高くなるわけです。そのためわずかな酸素欠乏も致命傷となり，胎児死亡率や罹病率が高まると考えられます。

　胎児栄養失調型のFGR（Type II FGR）の疑いのある児が予定日を過ぎても分娩に至らない場合には早期娩出が勧められますが，待機する場合には厳重な注意が必要です。

予定日を過ぎても児は大きくなり続けるのか

　予定日を過ぎても児は大きくなり続けます。McLeanら[30]は1991年「Postterm infants: Too big or too small?」（過期産児：大きすぎるか，小さすぎるか？）という論文で，体重，身長，頭囲，胎盤重量ともに予定日を超えても増え続けていることを報告しました。妊娠39〜40週，41週，42週に出生した児の体重分布を見比べると，それぞれが一峰性分布で，週数が過ぎるに従いグラフは右にシフトし，標準偏差も広がっていくことはありませんでした（**図15**）。これをもとにすると，予定日を過ぎることにより胎盤機能が低下し，児の体重が停滞ないしは減少していく過期産児症候群の児（dysmature infant）は存在しないことになります。また，過期産で重症のFGRが特徴的に増加するという傾向はなく，児の出生体重と胎盤重量の比は一定であるので，胎児は予定日を過ぎても大きくなり続けるということが判明しました。

図15　妊娠週数別の出生体重分布（妊娠39〜42週）

凡例：
― 妊娠39〜40週（273〜286日：n＝5381）
― 妊娠41週（287〜293日：n＝1320）
― 妊娠42週（294〜300日：n＝304）

縦軸：出生数に占める割合（%）
横軸：出生体重（gm）

(McLean FH, et al: Am J Obstet Gynecol, 164: 619-624, 1991)

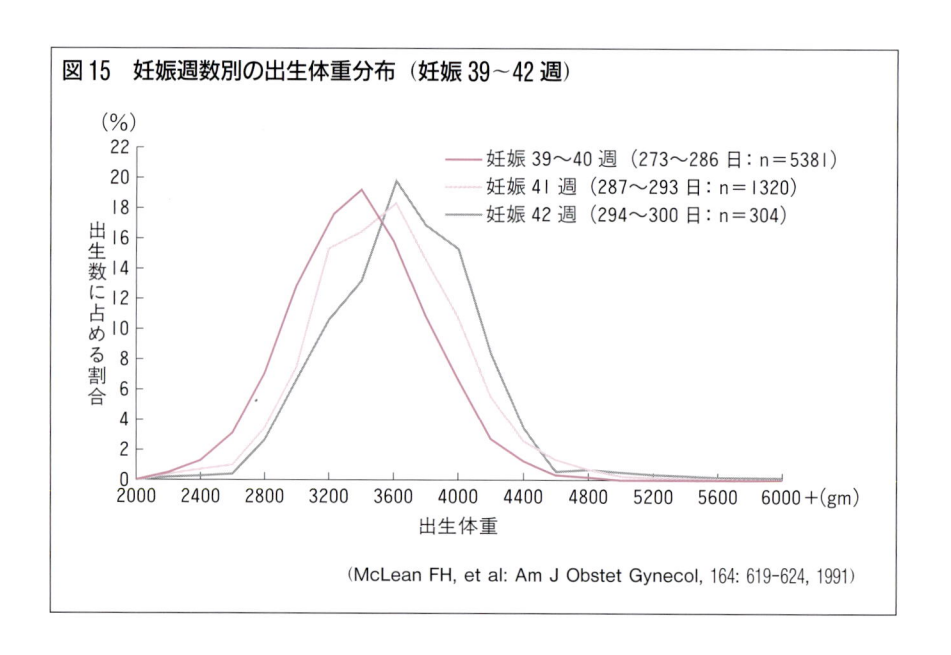

ただし，Jazayeriら[22]の報告によれば，1日の体重増加量は妊娠36週頃が一番多く35 g/日程度ですが，それ以後は急激な減少傾向に転じ，妊娠42週には10 g/日程度の発育となるので，胎盤の老化による発育速度の低下は抑えることができないでしょう。

過期産児の特徴を以下にまとめます。

①ほとんどの過期産の胎児は健康で，発育し続けます。ただし1日の体重増加量は妊娠36週を過ぎると急激に減少します。

②胎児の中には予定日を過ぎても発育を続け，4000 g以上の大きな児に成長することがあります。これは，過期産の大部分では胎盤機能が正常で，児によく栄養が行き届いているということを示しています。

③過期産児の約5〜10%はdysmature infantとなります。これらの児は小さく，栄養不良で，胎児アスフィキシアを呈します。この原因は胎盤の加齢であり，胎盤呼吸が阻害され，栄養の補給がうまくいかなくなるためです。これは胎児栄養失調型のFGRに似ていますが，そうではなく，胎盤における母体からの栄養のサプリーライン（供給路）が少なくなったための過期産に特有のものです。

過期産では難産，胎児死亡，母児の罹病率が増加するか

予定日を過ぎると胎児罹病率や死亡率が増加するといわれています。胎児死亡の割合は正期産児に比較して，妊娠43週では2倍，44週では3倍，45週では5倍になります。胎児死亡の増加は過期産児症候群が原因ではなく，正常の発育児に生じています。また過期産における胎児死亡の

表5 過期産と母児の罹病率（%）

項目	40週（n=8135）	過期産（n=3457）
羊水混濁	19.0	27.0
4.5kg以上の巨大児	0.8	2.8
肩甲難産	8.0	18.0
帝王切開分娩	0.7	1.3
胎便吸引症候群	0.6	1.6

すべて両群間に有意差あり
(Eden RD, et al: Obstet Gynecol, 69: 296-299, 1987)

発生は高齢初産の母親に多く認められます。過期産における周産期死亡の主な原因は妊娠高血圧症候群，児頭骨盤不均衡を伴った遷延分娩，説明できない無酸素症，奇形などです[31]。

過期産児で胎盤機能不全により栄養の補給路が断たれ dysmature infant となることはそれほど多くはありませんが，分娩のストレスに耐えられない胎児がときどき出現します。そのため十分な胎児モニタリングが必要です。

過期妊娠では予定日が過ぎても胎児発育が続いて児が大きくなるため，児に生じるリスクとしては巨大児，遷延分娩，肩甲難産，MAS，鎖骨骨折などの分娩損傷，上腕神経麻痺，新生児仮死などの発症頻度が高くなり，母体側にも軟産道裂傷や帝王切開分娩が増加すると報告されています。Eden ら[32]は，羊水混濁，4.5kg以上の巨大児，肩甲難産，帝王切開分娩，MASのいずれも，妊娠40週の正期産に比べ過期産に有意に高かったと報告しています（表5）。

また，Alexander ら[29]は5万6317例の単胎の過期産について検討し，妊娠42週を過ぎると35%が分娩誘発となり，難産や胎児機能不全での帝王切開は有意に高くなっていると述べています。NICUに入院する児も過期産児に多く，けいれん発作や児死亡も正期産の2倍となっています。Caughey と Musci[33]も4万5673例の妊婦の検討で同様の結果を得たと報告しています。

分娩予定日を過ぎると，児が大きくなることによる前述のようなリスクは高まります。また，予防的解決策としての分娩誘発に際して，子宮頸管未熟例では医原的な難産を引き起こす危険性も否定できません。

予定日を超過した妊婦の取り扱い―基本的な考え方

予定日を過ぎた妊婦には以下の対応を行ないます。
①妊娠初期の胎児計測値などから妊娠週数が正しいことを再確認します（妊娠8〜12週までは頭殿長[CRL]が，11〜15週までは児頭大横径

［BPD］の計測が妊娠週数とよく相関します）。
②胎児 well-being を定期的にモニターします。
③妊娠 40 週 0 日を過ぎたら，1 時間以上歩く，しこをふむ，夫婦生活などを積極的に取り入れ自然な陣痛発来を期待しましょう。
④妊娠 41 週 0 日～41 週 6 日では頸管熟化度を考慮したうえで分娩誘発を行なうか，陣痛発来を待機します。
⑤妊娠 42 週以降では分娩誘発を考慮します。
⑥子宮頸管熟化をみながら分娩誘発を検討します。

　過期産では分娩誘発（therapeutic rationale）と待機（tests for fetal well-being）の 2 つの考えが拮抗していて，どちらがよいかという結論はいまのところ出ていないのが現状です。

妊娠 41 週の対応—誘発と待機はどちらが得策か

　Boehm ら[34]は，妊娠 41 週で分娩誘発を行なった群と待機した群での検討では，両群間に有意差はなかったと報告しています。そして，妊娠 42 週以降の頸管熟化例では陣痛発来を待たずに分娩誘発をするように推奨し，頸管熟化不良なら誘発・待機のどちらでもよいとしています。ただし，何週までに分娩させるかについては述べられていません。

妊娠 42 週以降—誘発か待機か

　妊娠 42 週以降では胎児死亡率が急上昇します。胎盤機能不全，MAS，子宮内感染症などが胎児死亡率を引き上げています。胎盤機能不全の危険性が高くなるので，妊娠 42 週になったら分娩誘発をするべきだとの意見がある一方，それに反対する意見も認められます。すなわち，分娩予定日の診断はしばしば不確実なので，頸管の熟化が不十分で分娩誘発に適した母体の状態になっていないときに誘発を行なうことは，待機よりもむしろ危険であるということです。頸管熟化不全の状態での分娩誘発はしばしば失敗します。

　妊娠 42 週以降の過期産では，分娩誘発は胎児の予後を改善させず，誘発に失敗して帝王切開となることもあります。頸管の熟化が遅れ分娩態勢になっていない状態での誘発は適応にはならず，胎児の well-being が損なわれている場合にのみ適応となります。ただし，待機する場合には胎児が無事に娩出されるまでモニタリングを続行すべきです。

待機時に必要なチェック

分娩誘発をせず待機する場合は，以下のチェックを行ないます。
1）分娩予定日の正確な評価がなされているかを確認します。
　①月経周期の確認
　②超音波などによる妊娠週数の診断[*1]
　　・7〜10週内外のCRLが正しく計測されているか
　　・12〜15週内外のBPDが正しく計測されているか
2）子宮の大きさ，子宮底の高さ，腹囲を計測します。
3）頸管の成熟徴候と胎児先進部のステーションを把握しておきます。
4）胎児推定体重の評価（巨大児，正常成熟児，dysmature infant，FGR）を行ないます。
5）母親による自覚胎動を確認します（胎児が弱っていないかどうかの確認）。
6）NST[*2]がreactiveであり，他に異常所見が認められなければ，1週間胎児は元気であると評価できます。しかし，細変動が認められないときは危険な徴候と判断します。
7）biophysical profile あるいは modified BPS（NST＋AFI）[*3]を行ないます。

院内助産施設での過期産の分娩管理法

分娩誘発および待機群

過期産の妊婦には以下の点を考慮した対応を行ないます。
①胎児心拍数を厳重にモニタリングします。
②血管確保が必要です。
③腹部大静脈，大動脈の圧迫を避け，胎盤循環をよくするため腹臥位，四つん這い，立位，坐位などを選択するとよいでしょう。

---

*1：CRLを12週頃までに計測すれば±3日程度の精度で胎齢が測定できます。それ以後ではBPDの測定により34週頃までには±10日の精度で在胎週数の推測が可能です。
*2：過期産でのNST測定方法に関して，
　①週1回の検査よりも週2回の検査のほうが児死亡は減少するとの報告があります[35]。
　②過期産ではNSTがreactiveであっても1週間後の児のwell-beingは保証されないので，CSTを積極的に採用したほうがよいとの報告があります。
*3：入院中は毎日超音波検査で羊水量を測定しますが，羊水過少が明らかに超音波検査で認められるときは，以下が考えられます。
　①postmaturityの徴候。
　②臍帯圧迫の危険が高い。
　③羊水混濁が認められた場合，特に羊水過少で認められた場合は，MASの危険が高い。

④遷延分娩は危険なので，分娩誘発後24時間以上経ても進行が順調でなければ帝王切開に切り替えるように考慮します。

⑤分娩中に胎児死亡の危険があるため，胎児ジストレスの徴候を認めたら早急に胎児娩出を図ります。

分娩方法の選択

前述したように，子宮頸管の熟化が不十分な状態での分娩誘発は危険が伴いますので，十分な注意が必要です。過期産の管理方法を**図16**に示します。

● **頸管が熟化しているとき**

分娩誘発が可能です。分娩予定日の算定が正確である妊婦が妊娠42週に至り，頸管が熟化し，ビショップ・スコアが6点以上であれば，インフォームド・コンセントのうえ分娩誘発を行ないます。

● **頸管熟化徴候がないとき**

妊娠40週を過ぎたら週2回，以下に挙げるモニタリングを行ないます。
① 内診（用指鈍性頸管拡張術＋卵膜剥離施行）
② NST
③ biophysical profile

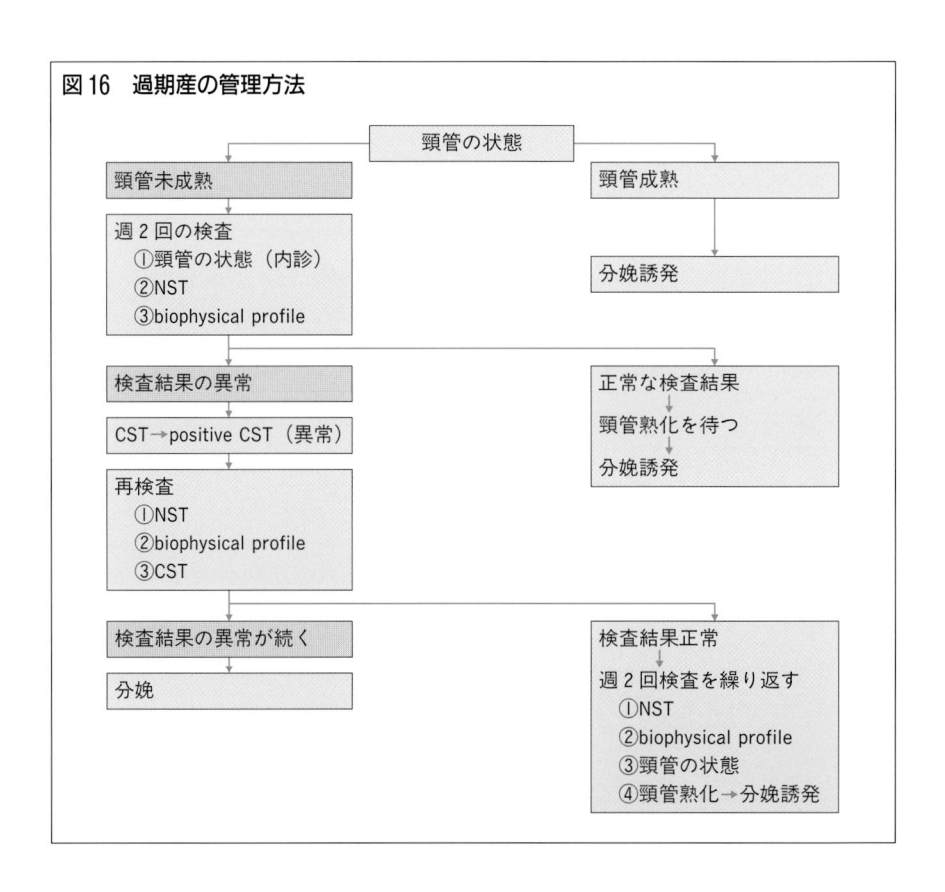

図16 過期産の管理方法

```
                    頸管の状態
            ┌──────────┴──────────┐
        頸管未成熟                頸管成熟
            │                        │
    週2回の検査                      │
      ①頸管の状態（内診）            │
      ②NST                           │
      ③biophysical profile      分娩誘発
            │
    ┌───────┴───────┐
検査結果の異常      正常な検査結果
    │                   │
CST→positive CST    頸管熟化を待つ
   （異常）              │
    │               分娩誘発
  再検査
    ①NST
    ②biophysical profile
    ③CST
    │
┌───┴───┐
検査結果の異常が続く   検査結果正常
    │                   │
   分娩             週2回検査を繰り返す
                      ①NST
                      ②biophysical profile
                      ③頸管の状態
                      ④頸管熟化→分娩誘発
```

これらに異常所見があればCSTを実施し（nipple stimulation[乳頭刺激]を行ないます），positive CSTならば再度①〜③の検査を行ないます。その結果に応じて，次のような対応をとります。
④異常所見が続く場合は分娩を行なう（帝王切開の可能性あり。母体搬送）
⑤正常所見ならば週2回検査を繰り返し，頸管熟化を待って分娩誘発を行なう

　異常所見がなければ頸管熟化を待ち，頸管が熟化したら分娩誘発を行ないます。

分娩誘発の方法

　頸管が熟化して分娩誘発を行なう際は，以下の対応をします。

施設内に産科医がいるとき

　通常の分娩誘発法にのっとって誘発します（フルコース）。ラミナリア桿（またはダイラパン）を挿入し，PGE_2を経口投与（1時間ごと1回1錠内服，最大6錠まで）しますが，陣痛が発来したら中止して，メトロイリンテルを挿入，オキシトシン（または$PGF_{2\alpha}$）を点滴します。

施設内に産科医が不在のとき

　乳頭刺激あるいは子宮頸管の用指鈍性刺激を行ないます。さらに院内歩行などを指導しますが，反応がなければ母体搬送とします。

過期産で生まれたハイリスク新生児のチェック・ポイント

発熱

　通常の生理的範囲である37.0±0.5℃を大幅に超えたときは体温異常と考えます。環境による発熱では皮膚温と直腸温が同じぐらいですが，児自身の発熱の場合は直腸温＞皮膚温となります。

低体温

　直腸温で35℃以下が続く場合は病的と考えます。皮膚温が35℃以下でも直腸温が正常範囲（直腸温＞皮膚温）の場合は環境による影響なので，温かい環境にして再検査を行ないます。

低血糖

　低出生体重児でも 40 mg/dL 以下になった場合は低血糖として対応します。過期産児の dysmature infant は栄養失調型ですから，低血糖には十分注意しましょう。

　低血糖の症状は，けいれん，振戦，易刺激性，泣き声の異常，眼球上転，嗜眠傾向，無欲様，無呼吸，多呼吸，チアノーゼなど，いずれも非特異的なので注意深い観察が必要です。また，血糖値の測定なしに判定はできないので，ベッドサイドにヒールカットの準備をしておきましょう。

●低血糖のリスク

　以下の児は低血糖に陥るリスクがあります。
- 未熟児（早産児）
- FGR 児
- 仮死で出生した児
- 多血症を伴う児
- 低体温の児
- 母体糖尿病児（IDM）
- heavy-for-dates 児
- その他

●低血糖の予防と対策

　低血糖の予防とその対策を以下に挙げます。

①血糖値が 40 mg/dL 以下は，10％グルコース液 10〜20 mL を経口投与します。

②30 分後，再度血糖値を測定します。

③2 回目の血糖値が 40 mg/dL 以下の場合および 1 回目でも低血糖に伴う臨床症状（前述）が認められた場合は，10％グルコース液 80 mL/kg/日の点滴が必要ですから，小児科にコンサルテーションしましょう。

④血糖値が正常に復帰し，症状が消失しても 3 日間は血糖値や臨床症状に注意します。

多血症

　過期産における FGR 児は，子宮内環境の変化により容易に多血症に陥りやすいことがわかっています。そこでベッドサイドでヘマトクリットを測定し，ヘマトクリット値が 60〜70％（過粘度症候群は 70％以上）を示した場合は治療の対象になります。

　ヒールカットでは新生児は末梢循環が悪くうっ血しているので，静脈血より高い値を示します。多血症が疑われたら必ず静脈からの採血を行ないましょう。多血症では部分交換輸血が必要となることがあるので，小児科

無呼吸発作

　一般に無呼吸発作は早産低出生体重児に多くみられ過期産児にはまれですが，種々のリスクにより無呼吸発作が起こるので注意が必要です。新生児ではREM睡眠のときに10秒程度の呼吸停止を認めることがありますが，これは生理的な範囲と考えます。通常は20秒以上の呼吸停止，およびそれ以内でも徐脈あるいはチアノーゼを伴う呼吸停止を，無呼吸発作と定義しています。

●無呼吸発作のリスク

　無呼吸発作を起こすリスクのある児としては，
- 未熟児（低出生体重児）
- 低血糖のある児
- 低カルシウム血症を伴う児
- 低体温の児（特に体温回復時）
- けいれんを伴う児（一部症状として）
- 低酸素症を伴う児
- 麻酔分娩で出生したsleepy baby，脳室周囲白質軟化（PVL）などの中枢神経系異常を伴う児

などが挙げられます。

●無呼吸発作を起こしている児への対応

　また，無呼吸発作を起こしている児へは以下の対応を行ないます。

①原因検索：血糖，カルシウム，酸素飽和度のチェック
②原因への対応：低血糖に対するグルコース投与など
③無呼吸そのものへの対応
　- 皮膚刺激（足底をたたく，背中をこするなど）
　- 頻回の場合は薬物投与，nasal CPAP，人工換気などが必要なので，小児科にコンサルテーションする

黄疸

　ほとんどが生理的黄疸ですが，過期産低出生体重児では多血症になっていることが多いので，黄疸の発生には十分な注意が必要です。必ずビリルビン値の測定を行ない治療の必要性を確認します。

低カルシウム血症

　正期産児では血清カルシウム値が8 mg/dL（4 mEq/L）以下を低カルシウム血症とします。早発型と晩発型がありますが，早発型低カルシウム

血症は早産児，仮死児，母体糖尿病児などでよくみられます。

　大部分は無症候性ですが，症候性のものでは哺乳力低下，嘔吐，不機嫌，嗜眠，チアノーゼ，無呼吸，易刺激性，振戦，甲高い泣き声などの非特異的症状が認められ，進行するとけいれん（血清カルシウム値 6 mg/dL 以下のことが多い）がみられます。カルシウム値は 7 mg/dL 以下の場合はカルチコール（5〜6 mL/kg/日）投与の適応となります。

4　産婦に勧める「出産の間の自己管理」

　ここでは「助産師が産婦に直接語りかけて指導している」形で，出産の間の自己管理についての指導方法を述べます。

お産についての産婦への情報

分娩第1期，第2期の過ごし方

　分娩第1期，第2期をどう過ごすかはあなた次第です。いろいろな過ごし方をよく頭に入れておいて，その場その場で主体的に対応していく必要があります。陣痛発来後は助産師がずっと付き添いますので，助産師側からいろいろなサジェスチョン（示唆）を受けてください。でも産むのはあなた自身です。

　助産院でのお産であれば，助産師がお産の終了まで付き添いますが，病院でのお産ではそうはいかないことが多々あります。助産師には日勤と夜勤があり，お産が昼夜に連続すれば同じ助産師が付き添うことができなくなる可能性があります。ときには付き添いの助産師が席をはずすこともあります。そんなときこそ，あなたが力を発揮するときです。じっと自分の身体に向き合って赤ちゃんの誕生を待つ，こんな時間も大切だと考えて過ごしてください。

　分娩第1期後半から第2期にかけて陣痛が弱くなったときは，助産師が足浴や入浴を勧めます。一緒に散歩をするかもしれません。逆に産痛が強くなりすぎたときには，アロマ・マッサージなどで陣痛回避の方策を考えましょう。

さまざまなお産の体位

　「自然なお産」はなにものにも縛られないお産です。分娩台に固定され

る必要もありません。でもあなたが「さまざまなお産の体位」を学んでいなければ何もできないので，お産の体位をよく知ってください。各々の体位でのお産の仕方を知っておく必要はありません。それは助産師が専門とする仕事だからです。あなたのために，助産師も一生懸命お産の体位と介助法を勉強しています。

　お産の体位を学んでいれば，分娩室では自分の身体に合わせて自然に体位が変わりますので，どんな体位をとったらいいのかなどと考える必要はありません。もちろん分娩台の上でのお産でも結構です。

　助産師はお産の体位に合わせてバースチェア（分娩椅子），バランスボール，ビーズクッションなど，役に立つツールを教えます。

スムーズにお産を進行させるための技

　「自然なお産」では，できるだけ医療の介入を少なくします。そのためにはお産をスムーズに進行させるための技を，あなた自身が身につけておく必要があります。特に陣痛に対する技は勉強しておいてください。一番必要な技は「呼吸法」と「リラクセーション」です。

　ストレスがなく，βエンドルフィンをたくさん産生させるためには，自分の好きな音楽のCDなどを分娩室に持ち込んで聞くことも役立つでしょう。

　助産師も，陣痛促進薬や会陰切開などの必要がないように，最大限の努力を惜しみません。しかし，もしも赤ちゃんの具合が悪くなったり，あなた自身の身体に問題が生じたり，早くお産を終了しなければならなくなったときには，産科医の指示を受けます。たとえ医療の介入のないお産であったとしても，とてもつらいお産で生涯心にトラウマとして残るようなものであれば，それは「自然なお産」とは言えません。

会陰切開について

　著者は，分娩がスムーズに進行している産婦には会陰切開を行なう必要はないと考えています。できる限り会陰を伸ばす努力をして，裂傷が生じたら縫合することで何ら問題はありません。会陰切開縫合でも深く切れた裂傷の縫合でも，1か月健診のときにはまったく同じように治癒しています。もちろん裂傷縫合のほうが疼痛も腫脹も軽度です。会陰切開は必要最小限にとどめるよう，医師にバースプランなどで伝えておきましょう。

「自然なお産ができない」分娩中の異常

　自然な陣痛が発来しお産が始まっても，分娩第1期から第2期の間にはさまざまなトラブルが待ち構えています。もしも母子にとって重大な問題

が発生したときは,「自然なお産」に執着することなく,陣痛の促進や産科手術の処置を受けるようにお勧めします。

「自然なお産」が困難になる分娩中の合併症として,胎児機能不全,回旋異常,肩甲難産,児頭骨盤不均衡,妊娠高血圧症候群（子癇を含む）,常位胎盤早期剥離,骨盤位（臍帯脱出,遷延分娩）,分娩第2期遷延,微弱陣痛,軟産道強靱,出血を伴う低置胎盤などがあります。

どんなかたちのお産であれ精一杯努力した結果のお産であれば,あなたの原体験として一生の思い出として残るはずです。

■参考文献

1) 東京都母子保健サービスセンター編：母子医療統計1992〜1997版．東京都母子保健サービスセンター（著者集計）．
2) Fraser WD, et al: Risk factors for difficult delivery in nulliparas with epidural analgesia in second stage of labor. Obstet Gynecol, 99: 409, 2002.
3) Williams Obstetrics 22nd ed, 20 Dystocia. p499, McGraw-Hill, 2005.
4) Cohen W: Influence of the duration of second stage labor on perinatal outcome and puerperal morbidity. Obstet Gynecol, 49: 266, 1977.
5) Myles TD, Santolaya J: Maternal and neonatal outcomes in patients with a prolonged second stage of labor. Obstet Gynecol, 102: 52, 2003.
6) Cardeyro-Barcia R, Schwarz R, Belizan JM, et al: Adverse perinatal effects of early amniotomy during labor. Modern Perinatal Medicine (Gluck L, ed), Year Book Medical Publishers, Chicago, pp431-449, 1974.
7) Fraser W, Sauve R, Parboosingh IJ, et al: A randomized controlled trial of early amniotomy. Br J Obstet Gynecol, 98: 84-91, 1991.
8) Dare MR, Middleton P, Crowther CA, et al: Planned early birth versus expectant management (waiting) for prelabor rupture of membranes at term (37 weeks or more). Cochrane Database Syst Rev 1: CD005302: 2006.
9) Lencki SG, Maciulla MB, Eglinton GS: Maternal and umbilical cord serum interleukin levels in preterm labor with clinical chorioamnionitis. Am J Obstet Gynecol, 170(5 Pt 1): 1345-1351, 1994.
10) Wiswell TE, et al: Meconium staining and the meconium aspiration syndrome. Pediatr Clin North Am, 40: 995-1001, 1993.
11) Cleary GM, et al: Meconium-stained amniotic fluid and the Meconium aspiration syndrome. An update Pediatr Clin North Am, 45: 511-529, 1998.
12) Miller FC, Sacks DA, Yeh S-Y, et al: Significance of menonium during labor. Am J Obstet Gynecol, 122: 573-580, 1975.
13) Nathan L, Leveno KJ, Carmody TJ, et al: Meconium: A 1990s perspective on an old obstetric hazard. Obstet Gynecol, 83: 329, 1994.
14) Ramin KD, Leveno KJ, Kelly MS, et al: Amniotic fluid meconium: A fetal environment hazard. Obstet Gynecol, 87: 181-184, 1996.
15) Williams Obstetrics, 22nd ed. p881, 2005.
16) Clifford SH: Postmaturity with placental dysfunction. J Pediatr, 44: 1-13, 1954.
17) Sjostedt S, Engleson G, Rooth G: Dysmaturity. Arch Dis Child, 33: 123-130, 1958.
18) Williams Obsteterics, 22nd ed. pp884-887, 2005.
19) Shime J, Gare DJ, Andrews J, et al: Prolonged pregnancy: Surveillance of the fetus and the neonate and the course of labor and delivery. Am J Obstet Gynecol, 148: 547, 1984.
20) Grubb DK, Rabello YA, Paul RH: Post-term pregnancy: fetal death rate with antepartum surveillance. Obstet Gynecol, 79: 1024-1026, 1992.
21) Smith SC, Baker PN: Placental apoptosis is increased in postterm pregnancies. Br J Obstet Gynecol, 106: 861, 1999.
22) Jazayeri A, Tsibris JC, Spellacy WN: Elevated umbilical cord plasma erythropoietin levels in prolonged pregnancies. Obstet Gynecol, 92: 61, 1998.
23) Nahum GG, Stanislaw H, Huffaker BJ: Fetal weight gain at term: Linear with minimal dependence on maternal obesity. Am J Obstet Gynecol, 172: 1387, 1995.
24) Leveno KJ, Quirk JG, Cunningham FG, et al: Prolonged pregnancy, I. Observations concerning the causes of fetal distress. Am J Obstet Gynecol, 150: 465, 1984.
25) Trimmer KJ, Leveno KJ, Peters MT, et al: Observation on the cause of oligohydramnios in prolonged pregnancy. Am J Obstet Gynecol, 163: 1900, 1990.
26) Oz AU, Holub B, Mendilcioglu I, et al: Renal artery Doppler investigation of the etiology of oligohydramnios in postterm pregnancy. Obstet Gynecol, 100: 715, 2002.
27) Divon MY, Haglund B, Nisell H, et al: Fetal and neonatal mortality in the postterm pregnancy: The impact of gestational age and fetal growth restriction. Am J Obstet Gynecol, 178: 726, 1998.

28) Clausson B, Cnattingus S, Axelsson O: Outcomes of postterm births: The role of fetal growth restriction and malformations. Obstet Gynecol, 94: 758, 1999.
29) Alexander JM, McIntire DD, Leveno KJ: Forty weeks and beyond: Pregnancy outcomes by week of gestation. Obstet Gynecol, 96: 291, 2000.
30) McLean FH, Boyd ME, Usher RH, et al: Postterm infants: Too big or too small? Am J Obstet Gynecol, 164: 619-624, 1991.
31) Olesen AW, Westergaard JB, Olsen J: Perinatal and maternal complications related to postterm delivery: A national register-based study. 1978-1993. Am J Obstet Gynecol 189: 227, 2003.
32) Eden RD, Seifert LS, Winegar A, et al: Perinatal characteristics of uncomplicated postdate pregnancies. Obstet Gynecol, 69: 296-299, 1987.
33) Caughey AB, Musci TJ: Complications of term pregnancies beyond 37 weeks of gestation. Obstet Gynecol, 103: 57, 2004.
34) Boehm FH, Salyer S, Shah DM, et al: Improved outcome of twice weekly nonstress testing. Obstet Gynecol, 67: 566-568, 1986.
35) Miyazaki FS, Miyazaki BA: False reactive nonstress test in postterm pregnancies. Am J Obstet Gynecol, 140: 269-276, 1981.

COLUMN

日本人初産婦の新しい分娩曲線

　フリードマンの曲線は1955年に米国で作成されたもので，現在でもなお世界の多くの国々で分娩経過を評価するために用いられています．しかし，作成後55年を経た現在，高齢初産婦の増加やライフスタイルの変化，さらに医療技術の進歩などにより，この曲線は見直さなければならない時期に来ているようです．

　1999年にAlbers[1]が，活動期はフリードマンが唱えた4.9時間より長く，7.7時間であると報告しました．

　2002年にZhang[2]は，加速期の傾斜はフリードマンの曲線よりゆるやかであると発表しました．

　わが国ではフリードマンの曲線を再確認するような分娩曲線はこれまで作られていませんでした．2010年，Suzuki-Horiuchi[3] labor curve（鈴木－堀内分娩曲線）が，2369名の日本人の初産婦の調査をもとに作成されました．

　この曲線の特徴は，次の3点です．

①フリードマン曲線より穏やかな曲線を描き，減速期はありません．

②活動期の頸管開大は緩徐であり，4cm～10cm開大に要する時間は5時間とフリードマンが唱えた2.5時間より長くなっています．また，5.5時間と算出したZhangとほぼ同じ時間でした．

③頸管開大の最初の変化は5～6cmから始まり，その後10cm開大まで，1cm頸管開大に要する時間は初産婦の95パーセンタイルで2時間以上を要しています．

　この曲線は臨床的に大変有用なもので，医療の介入をできるだけ避け，助産師主導の「待ち，見守るお産」を実行していくときに大いに活用できると思われます．

■文献
1）Albers LL: The duration of labor in healthy women. J Perinatol, 19: 114-119, 1999.
2）Zhang J, Troendle JF, Yancey MK: Reassessing the labor curve in nulliparous women. Am J Obstet Gynecol, 187: 824-828, 2002.
3）Suzuki R, Horiuchi S, Otsu H: Evaluation of the labor curve in nulliparous Japanese women. Am J Obstet Gynecol, 2010, doi: 10.1016/J. ajog. 2010.04.014.

3章

会陰保護と会陰裂傷縫合

以前は会陰という局所にこだわる分娩介助が一般的でしたが，最近では「出産の流れ全体を考える」視点に考え方が変わってきました。また，医療者中心の管理分娩から，産婦の心と身体の自由を尊重した産婦主体のお産が見直されてきました。

　そのため，会陰保護に関する分娩介助者の意識がこれまでと異なり，裂傷を少なくすることが会陰保護ではない，産婦との「あ・うんの呼吸」の中で行なわれるものと考えられるようになりました。最近では会陰保護より肛門保護に重点を置き，できるだけ会陰に触れることをせず，強く圧迫せず，温かいタオルで温めることが会陰の筋肉の弛緩につながるといわれています。分娩介助者は児頭に軽く手を添え，児頭の動きを感じ，児頭の下がる動きを尊重することが大きな会陰裂傷回避につながることがわかってきました。

1　会陰保護

会陰裂傷予防につながる分娩第2期の中休み

　分娩第2期には2回の中休みがあります（図1）。最初の中休みは子宮口全開大直後で，プロスタグランジンからオキシトシンへの陣痛を起こすホルモンのバトンタッチが行なわれる時期に相当します。この時期には陣痛はマイルドで，いきみたい衝動はありません。娩出作業を開始する前の母子に休み時間を与えてくれるのでしょう。この休み時間は初産の産婦によくみられます。休み時間が30分の人も，1時間の人も，3時間の人もいます。この休み時間を微弱陣痛などと間違えないでください。むしろリラックスのケアを行なうことでエンドルフィン・ハイの状態となります（45頁参照）。

　会陰裂傷予防につながる2回目の中休みは発露の時点でもみられます。このとき産婦は骨盤底筋の圧迫と腟・会陰の伸展で突然の裂けるような痛みにより，強くいきむのをためらいます。これは身体を守る自動制御システムの1つで，会陰の損傷を避けるためのものです。

　なお，この発露直後の中休みが終わると，再び激しい陣痛が津波のように襲ってきます。「痛い，早く赤ちゃんを出して」「もうこれ以上我慢できない」「帝王切開にして」などという産婦もいます。多くの産婦は陣痛の

図1 陣痛の中休み

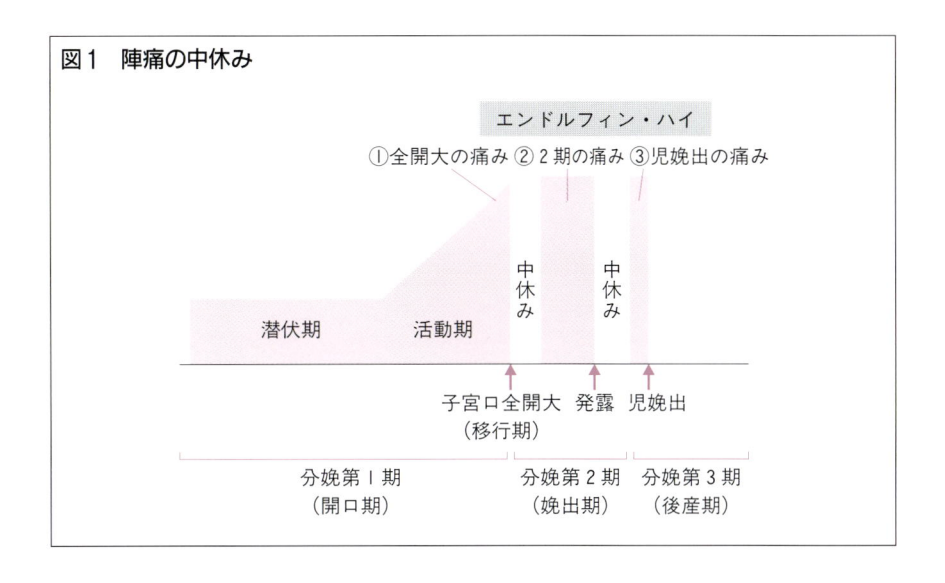

```
                              エンドルフィン・ハイ
                              ①全開大の痛み ②2期の痛み ③児娩出の痛み
                              中休み  中休み
   潜伏期      活動期
                              ↑      ↑     ↑
                          子宮口全開大  発露   児娩出
                          （移行期）
   ───分娩第1期───      ─分娩第2期─ ─分娩第3期─
   　　（開口期）           （娩出期）   （後産期）
```

強さやパワーに圧倒されているのです。おそらくその瞬間は激しい陣痛の猛攻撃に抗しきれず，悲観的な声が出るのでしょう。でも，決して「内なる力」がないわけではありませんから，医療の介入は不要です。あわてて会陰切開をしたり，吸引分娩をしたりする必要はありません。

会陰裂傷軽減のための呼吸法と「いきみ」

　会陰裂傷を予防するためには，吐く息に集中し，ゆったりとした呼吸を促します（27頁）。また，声を出してもよいと産婦に伝えておきます。それは，叫ぶことでいきみを逃す産婦もいるからです。分娩第2期末期には決まった呼吸法はありません。ラマーズ法にある短息呼吸は過換気症候群を招くことがあり，最近ではあまり勧められない呼吸法になっています。
　1980年代はラマーズ法が全盛でした。母親学級で積極的に呼吸法を指導したものです。しかし，呼吸法が上手にできたかどうかが出産の評価になってしまっていたことが，大きな問題点でした。上手な呼吸法ができたら「いいお産」と考える指導は画一的で，決して産婦に推奨できるものではなかったのです。
　また，かつては呼吸法でいきみを逃すように指導してきました。その中心が「ハッ，ハッ，ハッ…」という短息呼吸です。しかし，もやもや病という脳内血管の疾患を有している産婦では，短息呼吸は脳出血の原因となるといわれています。現在ではいきみたい感覚を尊重し，助産師はそばに寄り添い，軽く産婦の身体に触れ，声をかけすぎず見守ることに徹しています。
　いきみはもともと3〜5秒程度続くだけのもので，1回の陣痛時に3〜4

回生じる，軽くて短いものです。自然ないきみは産婦に苦しみを感じさせず，むしろ心地よさを感じさせるのです。しかし医療従事者の心ない言葉は，産婦にアドレナリンを放出させ，長く強いバルサルバのようないきみをさせてしまう危険性があるので，分娩室では言葉がけに十分注意が必要です（27頁）。

分娩第2期にできる援助

分娩第2期の会陰のマッサージに裂傷予防効果があるかどうかは，多くの報告を見ても立証できていません（25頁）。分娩第2期末期では会陰に浮腫を生じていることもあり，マッサージで逆に損傷を誘導する危険もあります。排臨近くでのマッサージは産婦にとって不快感を伴うこともあります。

排臨，発露の時期に分娩介助者が会陰部を指で伸ばすような行為（アイロニング・アウト）が会陰裂傷を増加させるかさせないかについての研究はありません。ただし，スイートアーモンドオイルを妊娠34週から5〜10分/日，会陰部に塗布しマッサージすると会陰裂傷の予防効果があったという報告があります[1]。また，初産婦の経腟分娩では，マッサージを受けた産婦と受けなかった産婦では，会陰裂傷が生じなかった頻度は，各々24.3％，15.1％でした。しかし経産婦では有意差は認められませんでした[2]。

そのほか，分娩第2期の援助のために助産師ができることとして，以下のような項目が挙げられます。

①照明は落としたままにします。少し薄暗い程度のほうが産婦は落ち着きます。
②不要な人たちは分娩室から出てもらいます。
③産婦自身が選んだ体位を変えないように注意します。
④産婦に話しかけるのは最小限にして，必要なことだけを話すようにします。特にいきみに関する指示は，しないようにします。
⑤アイコンタクトはとらないようにします。産婦の目は閉じたままの状態にしておきましょう。
⑥温かいタオルを会陰部に当てて温めてあげましょう。

分娩中の一番の問題は，産婦，助産師や医療従事者の行為に異議を申し立てる家族です。たとえ夫であってもこのような家族は分娩室の外に出てもらい，産婦に余計な気をつかわせないようにすることが大切です。

分娩第2期の末期で，あと少しでお産になるのに児頭娩出が滞っているときには，いきみが有効に働くと感じたら，助産師は積極的にいきみを行

なうよう勧めてかまいません。ただ待つだけがよいことではないので，臨機応変に対応してください。

ラマーズ法では視焦点法といって，分娩中に眼を大きく開けて1点を見つめていきむことを勧めていました。しかし，βエンドルフィンに包まれよいお産をしている産婦には声をかけず，眼は閉じたままにして，アイコンタクトをとらないようにします。眼と眼を合わせた途端に何とかしてという哀願の気持ちが生じて，お産の流れを乱すことがあるからです。産婦が自分自身の身体の変化に集中することが大切です。

会陰裂傷発生の主な原因

会陰裂傷の成因としては，初産婦，高齢初産などで腟入口が狭いとき，過強陣痛，墜落産などで急激に児が娩出されたとき，会陰の伸展不良，会陰保護が適切でないとき，前回切開部に瘢痕ができているとき，巨大児，吸引・鉗子分娩などの産科手術に際して発生するものなど，多彩なものが挙げられます。

しかし，会陰裂傷発生の主な原因は，恥骨弓開角狭小骨盤です。恥骨弓開角が80度以上の正常骨盤では，児頭は恥骨弓角のすぐ下を通って骨盤誘導腺に沿って最短距離で娩出されます。恥骨弓開角狭小骨盤では児頭は大きく後方を通って娩出されるので，分娩第2期が遷延します。肛門挙筋で形成された通過管が伸展し，外陰部最外層を守る筋肉も著明に伸びると，児頭娩出に際して会陰腱中心に裂傷が入るのが普通です。

会陰保護と会陰裂傷発生の関連性

会陰裂傷は，会陰保護に携わる介助者の右手の指での圧迫の強さにより，さまざまな場所に生じます。指の圧迫の強さはそのときどきの分娩の進行状態で変化するので，同一助産師が会陰保護をしてもいつも同じところに生じるわけではありません。
・児頭の下方への圧迫が強すぎたとき（図2）
・会陰の上方への圧迫が強すぎたとき（図3）
・右側面介助で会陰保護の際に第2〜5指に力が強く加わったとき（図4）
など，会陰裂傷の発生は多彩な形をとります。

会陰裂傷の発生は，助産師の技術的な巧拙ではなく，解剖学的・生理学的な必然です。会陰裂傷を起こしてはいけないという助産師の気持ちが，無理な呼吸法を指導して児や会陰を強く圧迫する手技となりかねず，その結果，女性の深い満足感，本能的で動物的な感覚を奪ってしまうかもしれ

図2　児頭の下方への圧迫が強すぎたとき

陰唇小帯から会陰部へ裂傷が生じる

図3　会陰の上方への圧迫が強すぎたとき

上方に裂傷が入る

図4　右側面介助で会陰保護の際，第2～5指に力が強く加わったとき

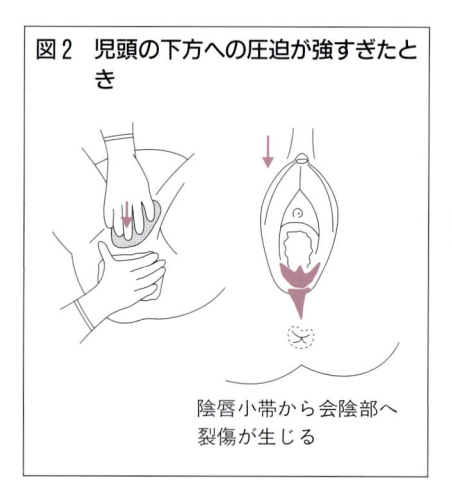

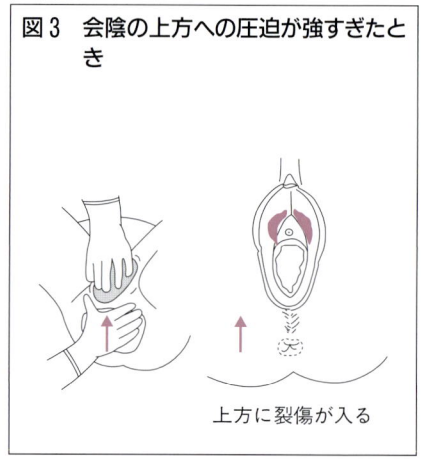

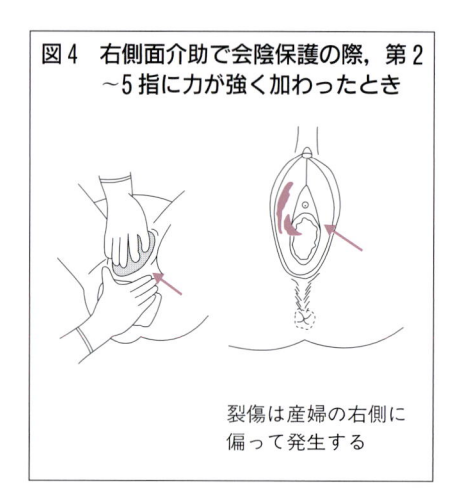

裂傷は産婦の右側に偏って発生する

ません。

　では，会陰保護をしなかったらどうなるでしょうか。会陰保護を行なう「hand on」と会陰保護を行なわない「hand off」の研究があります。会陰裂傷発生頻度はいずれも80％で，そのうち80％は第1度裂傷で，裂傷の程度や部位には差はありませんでした[3]。

　骨盤誘導腺に沿って自然に娩出された場合には，陰裂に生じる裂傷はそれほど大きなものではなく，圧迫だけで止血が可能なものが多いのです。

さまざまな分娩体位と会陰保護技術

仰臥位分娩

　自然なお産の経過の中で産婦が主体性を感じて自らの意思でお産に向かうと，分娩第2期になると仰臥位をとることは少なくなります。しかしLDRルームなどでは立派な分娩台が設置されているため，本能的に仰臥

図5　肛門の圧迫

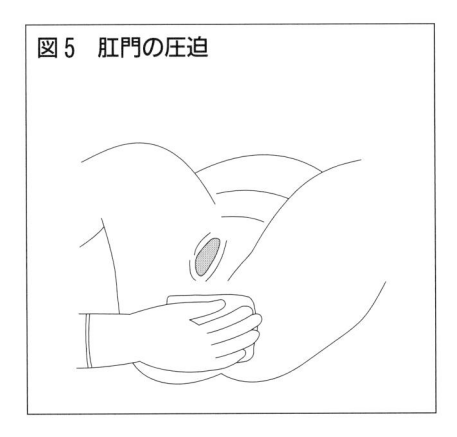

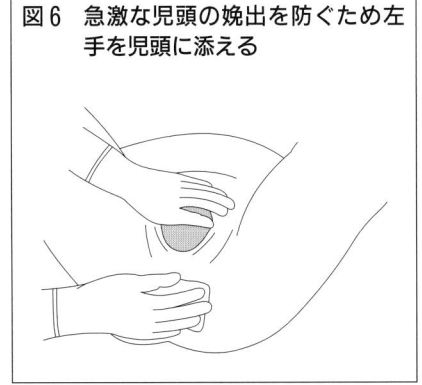

図6　急激な児頭の娩出を防ぐため左手を児頭に添える

位をとってしまう産婦も少なくありません。

　まずは，仰臥位分娩について説明します。排臨から発露の状態になり，児頭先進部が陰裂に見え隠れするようになったらお産の準備に入ります。お尻の下に清潔なシーツを広げ，分娩カートにお産に必要なものを準備します。

●排臨

　陰裂より児頭がわずかに見え隠れする時期です。陣痛の強さ，周期を確認し，児頭の下降スピードを確かめます。経産婦では急激に児頭が陰裂から飛び出さないように注意が必要です。会陰部から肛門に圧迫感があれば，右手で当て綿（または小タオル）の上から肛門の圧迫を行ないます（図5）。左手の操作はいりません。

　まだ児頭は陣痛発作時に見え，間欠時には隠れることを繰り返している状態ですが，排臨が進むと児頭先進部は大きく見えるようになります。陣痛発作時には陰門部全体が膨隆し始めます。介助者は急激な娩出に対応できる体勢で寄り添います。右手は引き続き肛門保護を主体にします。肛門の圧迫は児頭第3回旋の助長につながるとの考えもありますが，強すぎる圧迫は児頭娩出を妨げることもあり，陣痛発作時の穏やかな保護が推奨されます。

●発露

　児頭は陣痛間欠期にも陰裂より引っ込まなくなり，陰門の膨隆は次第に大きくなります。右手の肛門の保護は続きますが，下から上に押し上げるような強い圧迫は避けます。また，陰裂を広げようとして会陰部を下に引き下げようとしてもいけません。あくまで児頭の動きを優先させ，骨盤誘導線に沿って児頭が娩出できるようにしましょう。左手は児頭にそっと添えますが（図6），決して児頭に圧を加えることはしてはいけません。児頭を押さえたり頭皮に触れたりしないことが大切です。

　この時期になるといきみが加わってくるので，いきみが強すぎるようで

図7　児頭娩出のコントロール

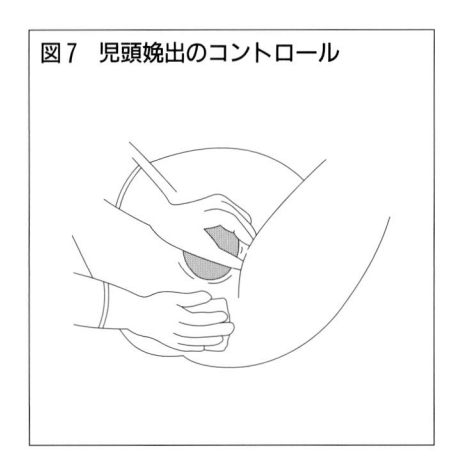

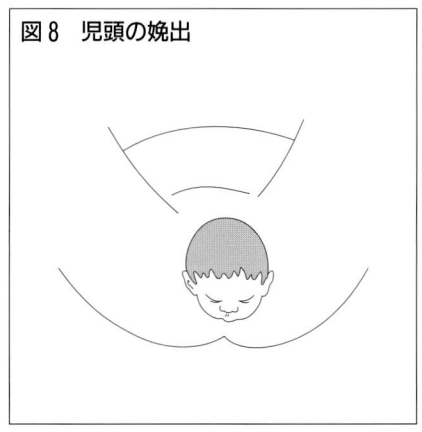

図8　児頭の娩出

あれば児頭に添える手指で児頭娩出のスピードが均一になるようにコントロールします。自然ないきみをやめさせる必要はありません。自然ないきみは3〜5秒程度の小刻みなもので，娩出のスピードに大きく影響するものではありません。

　発露が進むと，どうしても左手で児頭の娩出方向をコントロールしたくなり，しばしば後頭結節を恥骨弓のところから下に圧迫して屈位に誘導しながら娩出させたくなりますが，自然に反する強い力を児頭にかけるだけなのでお勧めできません。助産師の手で児頭に触れてコントロールしてはなりません。

　児頭の微妙な下降と陰裂組織の伸展に注意を払い，強い腹圧がかかった場合には左右の手で児頭の下降スピードが速くならないようコントロールします（図7）。腹圧を止められなくなり，産婦が自分の力をコントロールできなくなったときには，左右の手の圧を微妙に変化させ，骨盤誘導線にそって児頭が進んでくるように「圧迫」と「弛緩」を小刻みに繰り返します。児頭娩出に際しては，子宮収縮のピークをちょっと過ぎた頃を見計らって，ゆっくり陰裂から児頭を滑脱させると大きな裂傷発生を予防することができます（図8）。

●肩甲娩出

　児頭が娩出されたら，羊水が濁っていればガーゼでそっと顔面を拭きます。羊水混濁がなければ清拭の必要はありません。引き続き児頭の第3回旋が始まります。第1頭位では児顔面は母体の右側を向き，第2頭位では母体の左側に向きます。

　陣痛が再び開始したら，左手4指で側頭部を軽く下方向に圧迫すると，前在肩甲が恥骨弓下に出現します。右手は親指を除く4指で，会陰部の上から軽く後在肩甲を圧迫し，後在肩甲の娩出を抑制します。

　前在肩甲が娩出されたら，左手で第1頭位では前在肩甲をやや母体の左

図9　側臥位分娩介助術（排臨～発露）　　図10　産婦の股の間から左手の操作

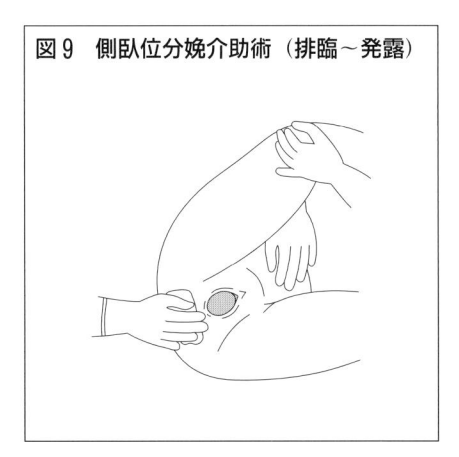

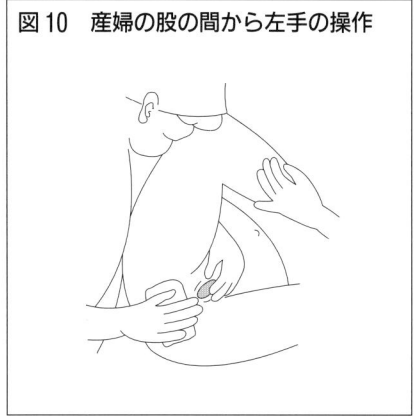

よりに回旋させます。右手は後在肩甲と思われる部分を，やや右側に圧迫します。これにより児の両肩はやや斜めで陰裂を通過することになり，後在肩甲で会陰部，特に陰唇小帯の部分に深い裂傷を生じることを予防できます。

　最後に躯幹娩出に際しては，介助者左右の手で児の両肩甲を心持ち胸側に寄せるようにして娩出させると最小肩甲幅で娩出させることができ，会陰裂傷を最小限に抑えることが可能です。

側臥位分娩

　分娩第2期の体位を産婦に任せると，多くの産婦は自然に側臥位を選択します。側臥位では無理な腹圧がかからないのでお産の進行はややゆっくりとなりますが，これが会陰裂傷の予防につながります。

●排臨

　会陰に圧迫感が出現し，会陰に添えた手掌に抵抗感が感じられたら準備開始です。ここでは左側臥位について説明します。

　右手は当てガーゼで肛門の圧迫を行ないます（図9）。左手の操作は必要ありませんが，児頭の急激な娩出にいつでも対応できるようにしておきます。排臨の時期には，腟壁のマッサージなどの伸展行為は行ないません。産婦には吐く呼吸を指導し，特別な呼吸法は必要ありません。

●発露

　児頭が陰裂より引っ込まなくなりました。右手は肛門の圧迫を続けます。左手は児頭にそっと添えますが，触れるか触れないか程度に添え，決して児頭を押し込むような圧迫行為はしません。

　いきまないに越したことはありませんが，自然ないきみはそのまま黙認します。吐く呼吸に終始しましょう。

　発露後期になると，児頭の突然の娩出を避けるため，左手を児頭に添えます（図10）。分娩介助者以外にアシスタントの助産師がいれば，上側に

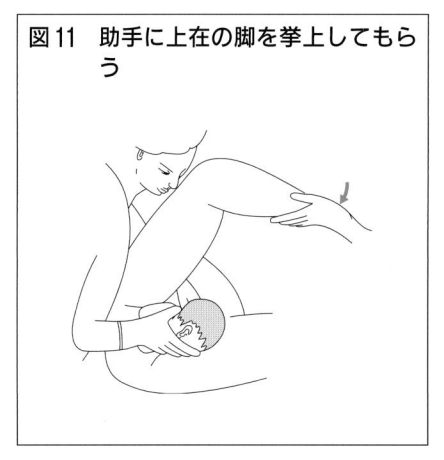

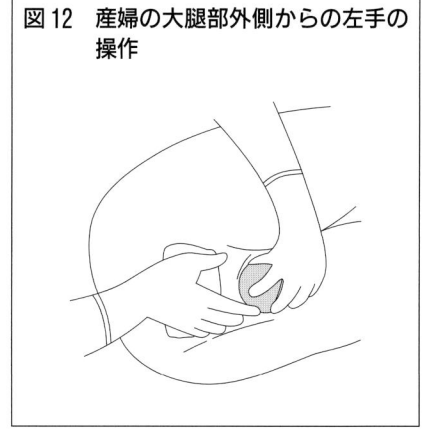

図 11　助手に上在の脚を挙上してもらう

図 12　産婦の大腿部外側からの左手の操作

なっている脚を持ち上げてもらい，陰裂がよく見えるようにします（図11）。分娩介助者の左手は図10のように産婦の股の間から児頭に添える方法と，大腿部の外側を回して産婦の腹側から添える方法（図12）がありますが，いずれの方法でもかまいません。

股の間から児頭に手を添える場合は，右手で肛門保護を行ない，左手を児頭に添えることが多いようです。児頭に添える側の手指を陰裂から挿入し，尿道を保護しながら児頭を下方に誘導させるよう圧迫させる方法もありますが，著者はあくまで骨盤誘導線に沿って自然に娩出させることを第一としているため，誘導行為は行ないません。

児頭が陰裂を通過する時期では，肛門保護は手掌全体で行ない，反対の手を児頭にそっと添え，児頭の突然の娩出を抑制しつつ，ゆっくりと最小周囲径で娩出させます。これにより陰唇周囲の裂傷発生を最小限度に予防することが可能です。

●躯幹娩出

肩甲娩出前に児頭が第3回旋を行ないます。左側臥位で第1頭位では児顔面は上方を向きます。肩を陰裂の縦軸方向に合わせて娩出させますが，娩出方法は仰臥位分娩での方法と同じです。

四つん這い分娩

四つん這い分娩は経産婦がよく好む体位です。前回のお産で腰痛がひどかった産婦は，分娩第2期になると自然にビーズクッションに寄りかかったりして四つん這いの姿勢をとります（図13）。生理的にも四つん這いは母児にとって一番安全な体位です[4]。

●排臨

排臨になり会陰部に抵抗を感じるようになったらお産の準備に入ります。四つん這いでは解剖学的に上から肛門，会陰部，陰裂の順に位置しま

図13　四つん這い分娩

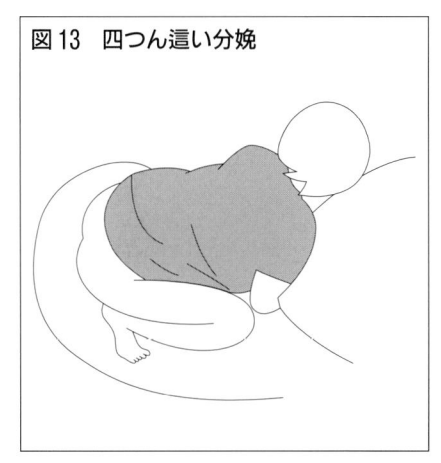

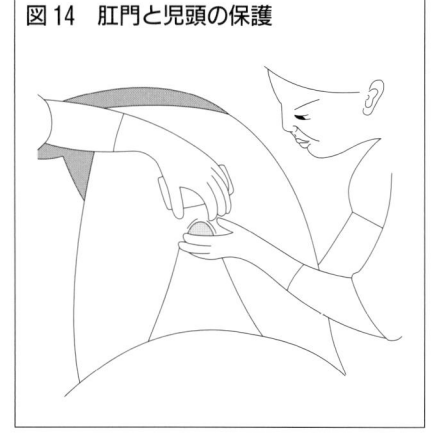

図14　肛門と児頭の保護

すので，肛門保護はとても大切です。

左手で当てガーゼの上から手掌全体で肛門保護を行ないます。右手は児頭に添えます。右手2指を用いて児頭を屈位にさせるよう誘導する介助者もいますが，著者らは骨盤誘導線に沿って自然に児頭が娩出するのを待ちます。児頭が突然娩出される危険がなければ右手で児頭に触れることは極力避けることに徹します。助産師2名で介助しているときには，1人が肛門保護，もう1人が児頭の保護に当たります（図14）。

● 発露

左手は肛門保護に徹し，右手は手掌全体で児頭先進部を包み込むように密着させ児頭を支えます。産婦のいきみに合わせて「押したり」「緩めたり」を小刻みに繰り返します。これによりゆっくりと陰門から児頭の滑脱を進めます。

● 児頭娩出

左手は相変わらず肛門保護に徹します。児頭は最小周囲径で陰門を通過し娩出します。児の顔面は肛門のある上側を向いて娩出されるので，最後まで肛門保護を行ない，顔面に汚物が触れないように注意します（図15）。

児の顔面は自然に第3回旋を行ない，横側に向かいます（図16）。これにより両肩甲は陰裂に沿った縦軸方向を向くので，以後は仰臥位分娩と同様に躯幹の娩出を図ります。

四つん這いでは陰裂の開大は円形で，さまざまな分娩体位の中で最大になるため会陰裂傷は最小限に抑制できます。

● 児娩出

児娩出後は股の間を通して児を母体腹側に移動させて母体を起こすと，ちょうど母親が児を抱きかかえるのに都合のよい位置関係になります（図17）。四つん這いは母と子のふれあいに一番よい体位です。

図15 肛門と児頭の保護（児頭娩出）

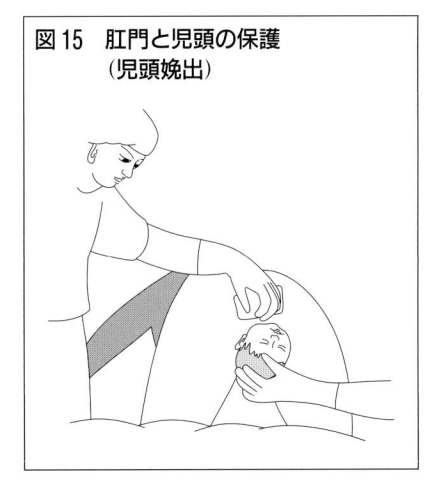

図16 児頭の回旋

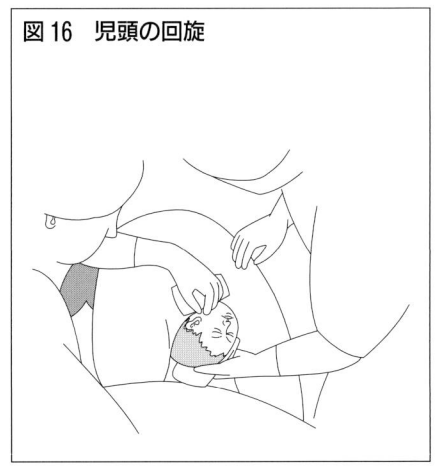

図17 四つん這いで娩出後のアイコンタクト

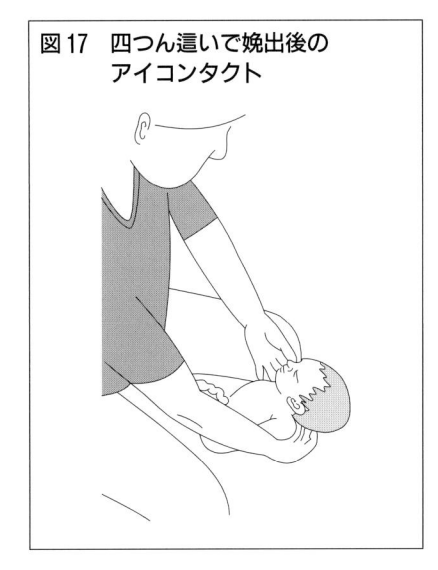

図18 スクワット（蹲踞位）分娩介助術

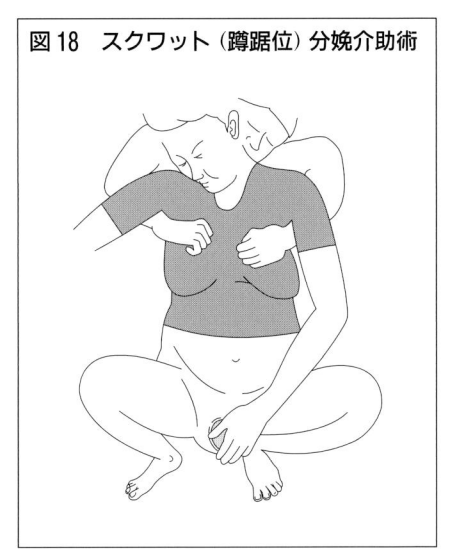

スクワット（蹲踞位）

　スクワットは体幹直立位で，力士が仕切りをするときの姿勢です。自分でこの姿勢をとり続けることは困難なので，夫やパートナーに後ろから羽交い絞めにする姿勢で支えてもらいます（図18）。重力の影響で児娩出が一番早くなる姿勢です。

●排臨～発露

　この姿勢は分娩台の上ではできないので，床に大きなシーツを敷いて行なうか，畳の部屋でのお産に適しています。急激に児頭が娩出されることがあるため，排臨の頃から一手で陰門の保護を始めます。保護の手は陰門に添えるのではなく児頭に添え，急激な児頭の娩出予防に備えます。会陰や肛門の保護は必要ありません。

　児頭は骨盤誘導線に沿って娩出されます。恥骨弓開角狭小骨盤でも仙骨，尾骨の可動性がよくなるため，分娩第2期の遷延を予防できます。

図19　児躯幹の娩出

図20　アイコンタクト

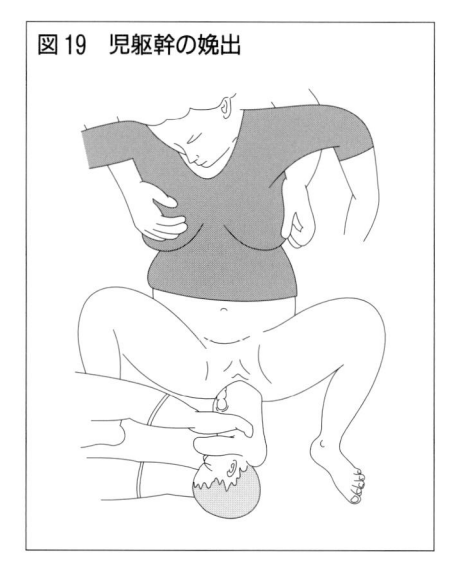

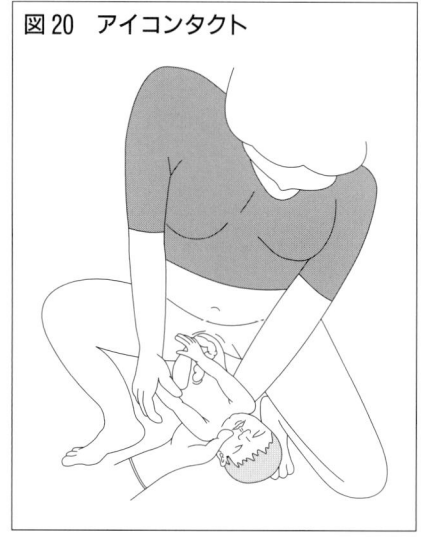

●児頭娩出

　児頭は後頭部を前方に顔面を後方にして娩出されます。通常通り第3回旋が行なわれ，前在肩甲，後在肩甲の順に躯幹が娩出されます（**図19**）。産婦は自分の手で児頭を支えることが可能で，直視下に児の娩出を眺めることが可能です。分娩直後には母親はわが子を抱き上げ，すぐにアイコンタクトができます（**図20**）。

その他

　坐位分娩は仰臥位分娩とほぼ同じ介助で，立位（立ち産）はスクワットと同じ介助です。

2　助産手技のニューウェーブ—会陰裂傷縫合

　これまで会陰裂傷縫合ができない助産師にとって，分娩介助術の習得は「会陰保護法」の習得にほかなりませんでした。しかしここ数年の産科医不足により，会陰裂傷縫合を産科医にすべて頼ることが困難になってきました。そこで，すでに法的存在としてあった「臨時応急の手当て」が現実のものとして動き出し，助産師が腟・会陰裂傷縫合を行なうことに，医療現場では正当性が与えられるようになってきたのです。

　2008（平成20）年に厚生労働省が出した助産師教育の卒業時の到達度には，会陰縫合が学内演習で実施できるという項目が挙げられました。これはわが国の助産師教育を大きく変換させる画期的なものでした（図21）。「臨時応急の手当て」であっても，実地助産に携わる助産師は，分娩介助の技の1つとして会陰裂傷縫合ができるということが必須の条件になったのです。これにより「会陰裂傷をつくったらどうしよう」とおびえることなく，フリースタイル分娩に対応したお産の遂行に努めていただきたいと思います。

会陰切開は本当に必要か

　1970（昭和45）年代以降，わが国では会陰切開（episiotomy）が汎用されてきました。会陰切開は厳格な適応下で行なう restricting episiotomy と，分娩第2期を短縮させ早期に分娩を終了させるために行なう routine episiotomy の2種類が混然となって行なわれるようになりました。そのため会陰切開率が急上昇したのです。

裂(き)れても切らないお産をしよう

　なぜ切らないお産にこだわるのかというと，医療（会陰切開）を前提として行なうお産に疑問があるからです。会陰切開がもたらす，産む女性に対する産後の苦痛への配慮が不十分ではないのかというのが第1の疑問です。第2には，産む女性が自分の内に秘めた力を出し切って成し遂げたお産という大切な感覚が，医療の介入で阻害されているという危惧があるからです。また，大きな問題点として，切開するほうが普通で，切開をしないほうが異常であると受け止める産科医の認識不足があります[5]。

図21　会陰裂傷縫合の練習風景

医師の説明―本当にそうなのか？

産科医の中には以下のような説明をする医師がいます。
- 切開をしないで自然にできた裂傷は治りが悪く，切開をしておけば後の治りが早い。
- 複雑な裂傷を縫うより，あらかじめ切っておいたほうが治りが早い。
- 会陰切開をせずに出産して万一お尻のほうに自然に裂けた場合，傷の治りが悪いし不衛生で見た目も悪い。
- 切開をしておかないと，肛門や直腸に裂傷を伴う危険がある。
- 切開をしておかないと，歳をとってから性器脱や尿失禁になる危険が高い。

しかし，これらに対するエビデンスはありません。

分娩室での助産師と産科医の関係

出産直前に現れた産科医は，その手に「はさみ」を持ち「切りますよ」と一言いいます。どの程度，助産師の会陰保護技術が医師に信用され活用されているでしょうか。切開が当たり前と思っている医師の顔色をうかがいながらするお産の現場では，会陰保護技術は決して育ちません。

会陰切開を受ける産婦の立場

「会陰に自然な裂傷を負ってしまい，ひどく痛い思いをした」などという友人や母親，先輩産婦からの情報，「会陰切開はやむを得ない行為である」といった記載をするマタニティ・メディア。「自然裂傷より切開のほうが傷はきれいで早く治る」という前述のような医師による説明。早くお産の苦痛から逃れたいという単純な理由から，切開という言葉が安易に受け入れられています。「お産の現場ではインフォームド・チョイスができる

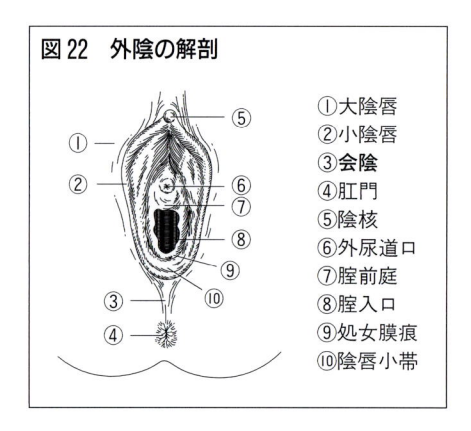

```
図22　外陰の解剖
①大陰唇
②小陰唇
③会陰
④肛門
⑤陰核
⑥外尿道口
⑦腟前庭
⑧腟入口
⑨処女膜痕
⑩陰唇小帯
```

ほど時間的な余裕がなく，医師の言いなりになるしかない」などという考えが，安易に会陰切開を受け入れる土壌をつくっているのです。

会陰保護に必要な基本解剖の知識

外陰と会陰の解剖

●**外陰（図22）**

　外陰部の上端部分を恥丘（陰阜）といいます。上端の恥丘から下端の会陰にかけて左右に土手状に上下に広がるのが大陰唇です。大陰唇の内側には花弁状に上下に伸びる小陰唇が存在します。小陰唇の上前方では陰核包皮が陰核を包み，後方の陰裂下端では後陰唇交連の直前で陰唇小帯となり，左右の小陰唇を結んでいます。左右小陰唇，陰核，陰唇小帯で囲まれた部分を腟前庭といい，その中に外尿道口と腟口が開口しています。腟口の辺縁に処女膜が存在し，それが分娩時に破綻すると処女膜痕と呼称が変わります。外尿道口の左右側方にはスキーン腺という小窩が存在し，腟口の側方にはバルトリン腺が開口しています。

●**会陰**

　会陰とは狭義には外陰部と肛門の狭い部分を指し，広義には骨盤出口の全体を示します。会陰は肛門と尿生殖器開口部とを分けています。会陰前方部は尿生殖三角で，尿道と腟が貫き，後方部は直腸三角で直腸と肛門が貫いています。会陰皮膚は中央で会陰縫線を形成しています。

骨盤底筋群の筋構築

●**筋構築（図23）**

【深層】

　ハンモック状に広がる肛門挙筋からなります。恥骨尾骨筋，恥骨直腸筋，腸骨尾骨筋，坐骨尾骨筋に分類されます。

図23 骨盤出口および外陰の筋構築

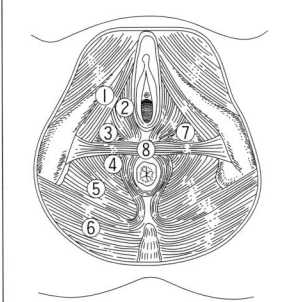

①坐骨海綿体筋
②球海綿体筋
③浅会陰横筋
④肛門括約筋
⑤肛門挙筋
⑥大殿筋
⑦尿生殖隔膜
⑧会陰腱中心

- 恥骨尾骨筋：肛門挙筋の主要部で，内側の尿道と腟に向かう恥骨腟筋と側方の腟括約筋を構成し，後方は会陰腱中心に連なる。
- 恥骨直腸筋：肛門と直腸の境界部分で，その後方を囲み，直腸の縦直筋と外肛門括約筋の線維と交わる。
- 腸骨尾骨筋：肛門挙筋の後方側を形成し，腱弓に始まり尾骨の側方と肛門尾骨の間の腱線維に終わる。
- 坐骨尾骨筋：坐骨棘から出発し，仙骨の下方と尾骨の側縁に至る。これらの筋群は骨盤底を水平に走り，骨盤内の臓器を支える役目をしている。そのため児頭が骨盤底を下降するときにこれらの筋群を強く圧排し，児頭には大きな抵抗がかかる。

【中層】
　尿生殖隔膜と呼ばれ，深会陰横筋で構成されています。肛門挙筋で形成された性器裂口を補強する薄い膜が中層です。結合織が豊富で，伸展性は不良です。後方は会陰腱中心へとつながっています。

【浅層】
　坐骨海綿体筋，球海綿体筋，浅会陰横筋で構成されています。浅会陰横筋は坐骨下枝内面より発し，会陰腱中心に付着し，坐骨海綿体筋は恥骨下枝内面より発し，陰核の背面に達します。球海綿体筋は会陰腱中心に始まり，腟前庭の背面に達します。

【会陰腱中心】
　平滑筋が腱を構成し，弾力線維，結合組織，神経，血管などから構成されています。この部位は血管が少なく神経分布も少なく，腱で構成されていて，筋肉成分はごく少量です。

●子宮頸部の懸垂装置
　子宮頸部の懸垂装置は下記の3層で構成されています。
- 第1層：膀胱子宮靱帯，基靱帯，仙骨子宮靱帯
- 第2層：肛門挙筋群と生殖裂口

図24 骨盤出口および外陰の血管構築（動脈）

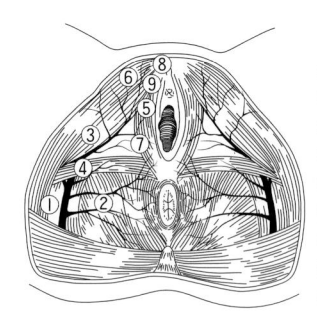

① 内陰部動脈
② 下直腸動脈
③ 会陰動脈
④ 会陰横行動脈
⑤ 陰唇動脈
⑥ 後陰唇動脈
⑦ 腟前庭球動脈
⑧ 陰核背動脈
⑨ 陰核深動脈

図25 外陰の血管構築（静脈）

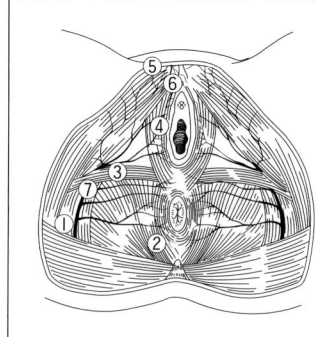

① 内陰部静脈
② 下直腸静脈
③ 陰唇静脈
④ 陰唇静脈叢
⑤ 前陰唇静脈
⑥ 陰核背静脈
⑦ 会陰静脈

・第3層：坐骨海綿体筋，球海綿体筋，浅会陰横筋，肛門括約筋，肛門挙筋，大殿筋

外陰の血管構築

●動脈（図24）

内陰部動脈の枝が外陰部を支配しています。内陰部動脈は内腸骨動脈の枝であり，下殿動脈とともに分枝し，内陰部静脈，陰部神経とともに梨状筋の下を通過し，大坐骨孔から骨盤外に出た後，会陰，外陰，肛門に分布しています。

●静脈（図25）

外陰，会陰に分布する静脈は内陰部静脈の枝です。内陰部静脈は内陰部動脈に沿って走行し，会陰静脈，陰唇静脈に分枝します。この両者には多くの吻合があり，陰唇静脈叢を形成しています。

なお，腟壁に分布する動脈は部位により異なり，腟上部では子宮動脈下行枝，腟中央から下部では一部中直腸動脈で栄養され，腟入口部は腟前庭球動脈で栄養されています。静脈分布もほぼ同様です。

神経構築

外陰の皮膚と筋肉は主に陰部神経の支配を受けています（図26）。陰部神経は肛門神経と内陰部神経に分かれます。内陰部神経はさらに会陰神経と陰核背神経に分かれます。会陰神経は小・大陰唇に分布する浅部枝と，肛門括約筋と肛門挙筋に分枝する深部枝に分かれます。陰核背神経は尿生殖隔膜に分枝した後これを貫き，陰核，包皮，尿道粘膜に分布します。

図 26　骨盤出口および外陰の神経構築

①内陰部神経
②会陰神経
③陰核背神経
④下直腸神経
⑤後陰唇神経

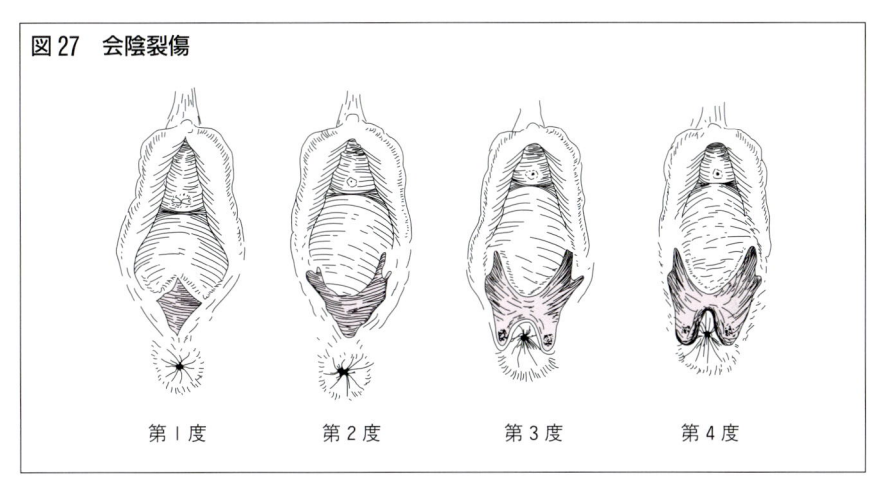

図 27　会陰裂傷

第Ⅰ度　　第2度　　第3度　　第4度

会陰裂傷の原因と程度

会陰裂傷の分類

会陰裂傷には第1度から第4度までの分類があります（図27）。
- 第1度：最も軽微な裂傷で会陰皮膚および腟粘膜にのみ限局する裂傷
- 第2度：会陰の皮膚のみならず筋層の裂傷を伴うが，肛門括約筋は損傷されないもの
- 第3度：裂傷が深層に及び，肛門括約筋や腟直腸中隔の一部が断裂したもの
- 第4度：裂傷が肛門粘膜および直腸粘膜に及んだもの

会陰裂傷の成因

初産婦，高齢初産婦などで，腟入口の狭小，過強陣痛や墜落産など急激に児が娩出されたとき，会陰組織の伸展不良，会陰保護が適切でないとき，児頭が大きいときなどが裂傷発生の原因です。会陰裂傷には腟裂傷がしばしば伴います。

会陰裂傷発生の必然性

　発露になると会陰の皮膚は最大限に伸展し，児頭のスムーズな娩出に寄与します。しかし，初産婦では会陰裂傷は分娩に伴う必然として発生するということを，分娩介助者は心しておかなければなりません。
　新生児平均頭囲は，東京都母子医療ネットワークのデータ（1994年）でみると，平均33.5 cm程度です。一方，陰裂最大開大径は平均26.7 cmです。会陰正中に3 cm切開を加えると陰裂周囲径は32.7 cmになりますが，33.5 cmには及びません。ということは，初産婦では陰裂を切開することにより相当伸ばしても，付加裂傷を予防できないことになります。
　正中側切開を5 cm加えると，陰裂の直径は11.7 cmになり，陰裂周囲径は36.7 cmまで開大し，新生児平均頭囲を超えることができます。ただし5 cmの会陰正中側切開は，日本海溝を連想させるような深い傷を形作ります。
　以上より，初産婦の出産では会陰裂傷の発生は必然であると理解し，その裂傷をいかに小さなものにするかが会陰保護技術にかかってくると考えましょう。

会陰裂傷の発生と予防に関わる因子

　会陰裂傷発生に関与する因子として以下が挙げられます。
・会陰切開
・産科手術（鉗子，吸引）
・いきみ（バルサルバ法）
・児の大きさ
　一方，会陰裂傷発生の予防に関与する因子としては以下が挙げられます[6,7]。
・分娩前の会陰マッサージ
・分娩第2期の会陰の保温
・分娩体位
・水中出産
・頭の圧迫と会陰保護

会陰切開とその種類

　会陰切開には restricting episiotomy（厳格な適応下での会陰切開）と

図 28 会陰切開部位

① 側横切開法
② 側切開法（中間切開法）
③ 正中側切開法
④ 正中切開法
⑤ Schuchardt 深切開法

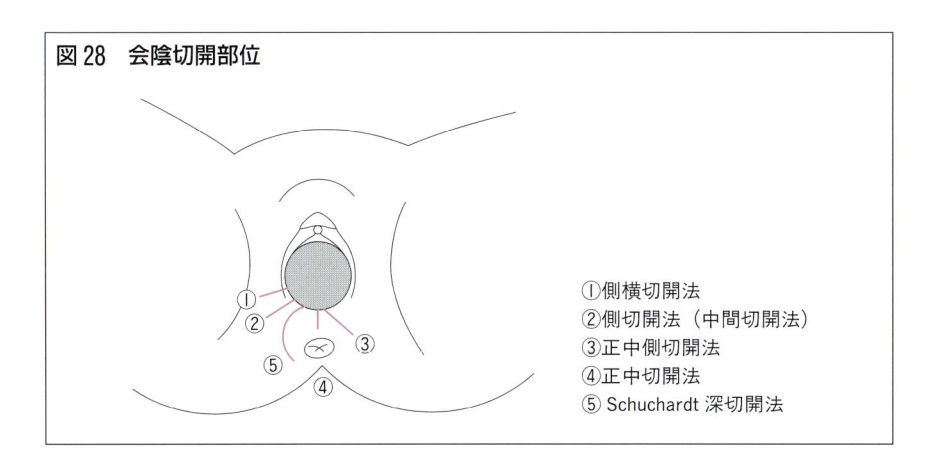

routine episiotomy（ルチーンの会陰切開）があります。会陰切開は厳格な適応下でのみ実施されるべきものです。会陰切開は助産師が行なうことはできません。

会陰切開部位

　会陰切開法には種々のものがあります。会陰側横切開法，側切開法（中間切開法），正中側切開法，正中切開法，Schuchardt 深切開法などが主なものです（図 28）。わが国では主に正中側切開と正中切開が行なわれています。

会陰切開の厳格な適応

　厳格な適応下での会陰切開は以下の場合に実施されます。
・会陰が硬く，伸展が悪いために児頭の娩出を遷延させると考えられる場合。
・瘢痕により会陰の伸展が不十分な場合。
・急速遂娩（吸引分娩，鉗子分娩）の必要がある場合。
・巨大児分娩や回旋異常が疑われ，複雑な会陰裂傷や肛門への裂傷が必至と予想される場合。
・骨盤位分娩で後続児頭の娩出に際して，会陰の抵抗が強いと予想される場合。
・未熟児（低出生体重児）の出産に際して，児頭への圧迫を回避する必要を要した場合。

会陰裂傷縫合の実際

会陰裂傷縫合の準備

●会陰裂傷縫合の練習に必要な物品

会陰裂傷縫合の練習に必要な物品を以下に挙げます。

- 持針器
- はさみ
- 摂子
- 糸（合成吸収性縫合糸3-0など）
- ガーゼ
- 滅菌手袋
- 鶏のささ身，またはスポンジなど（皮膚，組織の代用品）

●局所麻酔薬について

実際の臨床の場では局所麻酔薬による局所の浸潤が必要です。キシロカイン，カルボカインなどがありますが，これらは医師でなければ用いることができません。できれば医師と十分話し合いのうえ局所麻酔をしてもらえると，縫合に際して疼痛が少なくなり，「産婦に優しい会陰縫合」を行なうことができます。

また，腟の奥のほうに裂傷が生じた場合には，クスコ腟鏡で創部を確認する必要があります。クスコ鏡診も習得しておくべき技術の1つです。

●外陰部の消毒

縫合前に外陰部，特に創部を消毒しておく必要があります。強い消毒液で洗浄する必要はありませんが，感染予防としてベンザルコニウム・クロライド（商品名：オスバン10％）のようなもので局所洗浄をしておきましょう。

理想的な消毒薬の条件は，殺菌作用時間が短く迅速な消毒ができる，局所に対する刺激性が少ない，局所からの吸収が少なく，消毒が完了すれば速やかに分解する，毒性がない，水溶性である，使用法が簡単で不快な臭気がないなどが挙げられます。

各器具の説明と扱い方

●持針器

1）種類（図29）

歴史的に産婦人科で使用する持針器にはマッチウ持針器とローゼル持針器があります。一般的に婦人科手術では後者が主に用いられ，外科手術では前者が用いられます。これらは術者の好みにより使い分けられていま

図 29 持針器

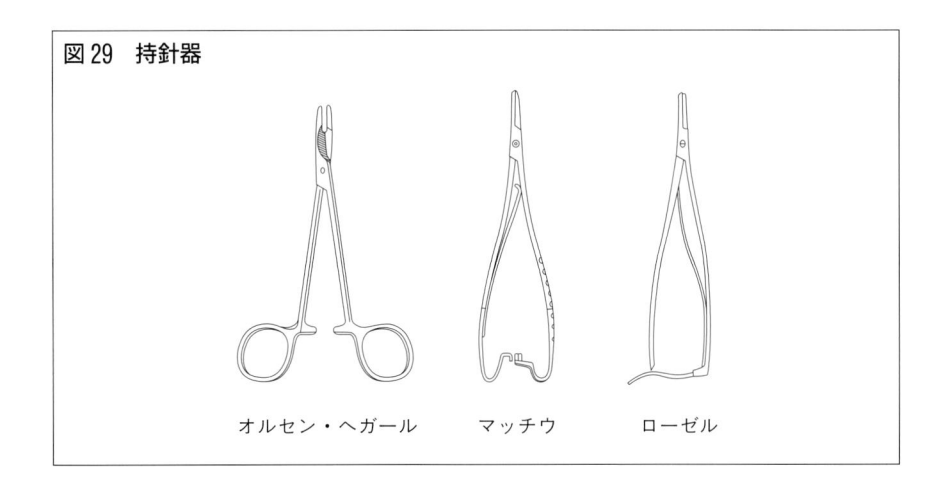

オルセン・ヘガール　　マッチウ　　ローゼル

す。

　その後，ヘガール持針器が出現しました。ヘガール持針器は腟腔のように狭い部位での腟壁裂傷縫合にとても適しています。オルセン・ヘガール持針器は，先端が針を挟むところで，その内側に糸を切るはさみがあり，助手がいない場合に介助者が1人で縫合するのに適しています。

2）把持の仕方

　ヘガール持針器には2つの指入れの穴があり，この穴の中に右手親指（第1指）と薬指（第4指）を挿入します。中指（第3指）は薬指を挿入した穴の外側に添えます。人差し指（第2指）は柄の中央部に添えて固定します。このようにすると縫合に際して持針器がぶれず，手首全体を使って針を容易に刺すことができます。

　マッチウやローゼル持針器は指入れの穴がありません。人指し指を柄に当てて支えとし，親指を柄の一端に，第3〜5指を反対側の柄に添えて開閉します。

● はさみ

1）種類

　直剪刀と曲剪刀（図30）があり，長さも長短2種類があります。いずれの種類のはさみを用いてもかまいません。オルセン・ヘガール持針器にははさみがついているので，この持針器を使用する際にははさみを用意する必要はありません。

2）把持の仕方

　持針器と同じ持ち方をします。

3）糸の切り方

　はさみも持針器の持ち方と同じく，きちんと固定して持つことが大切です。手首に揺れが生じると正常な組織を切ってしまうことがあるので注意が必要です。なお，実地臨床の場では，裂けて垂れ下がったような小さな

図30 はさみと摂子

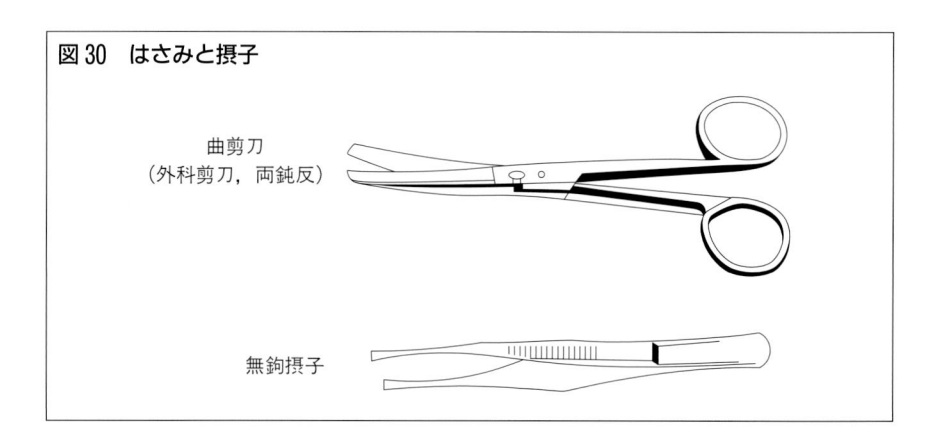

曲剪刀
（外科剪刀，両鈍反）

無鉤摂子

組織ははさみで切って縫合しやすいように整えることもあります。
　糸を切るときには結節部位を切り落とすことがないよう注意が必要ですが，結節が後でほどけないように5mm程度糸を残すように切断するのがコツです。そのためには結節より5mm外側ではさみを開いて，その間に糸を通して糸とはさみが垂直になるようにしたら，今度ははさみを45〜60度回転させ糸を斜めに切断します。こうすると結節の外に必ず糸の断端が残り，ほつれの予防になります。

● 摂子

　摂子には有鉤と無鉤の2種類のものがあります。いずれを用いてもかまいませんが，有鉤摂子は組織を挟んでしまうので痛みを伴うことが多いため，できれば無鉤摂子（図30）を用いたほうが産婦にやさしい縫合ができます。長短2種類がありますが，術者の好みに応じて選択してください。
　実地臨床の場では持針器を持つ手と反対側の第2指，第3指を摂子の代わりに指鉗子として利用すると，摂子で皮膚を挟んだときの疼痛は皆無となり，産婦にやさしい縫合が可能です。

● 縫合糸と針（図31）

　できるだけ異物とならず，組織反応が少ない細い縫合糸の使用が理想です。かつては絹糸，カットグットなどが用いられていましたが，現在では合成吸収性縫合糸が用いられています。この糸は組織保持能力が高く，いったん分解が始まると加速度的に吸収が早まるという利点があります。そのため抜糸の必要がありません。最近ではヴァイクリル・ラピッド（vicryl rapid）という吸収が早く組織の引きつれや痛みの少ない糸も開発され，会陰裂傷縫合に用いられています。
　糸の太さは3-0ヴァイクリルが主に用いられていますが，細ければ細いほど局所刺激作用が少なくなります。また，針には丸針と角針があります。丸針は切れ味が鈍いものの組織を傷つけにくく，腟・会陰部の縫合に

図31 縫合糸（合成吸収糸）と針

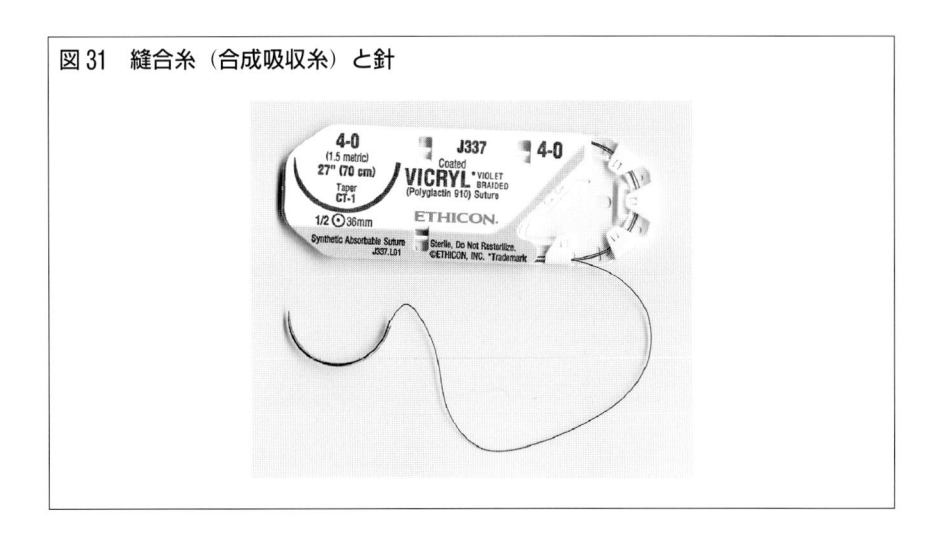

適しています。

　針と糸はオーバーラップとホイルパックに包まれています。針はやや大きめのものを選択すると縫合しやすいでしょう。

局所麻酔法

　会陰切開の場合には必ず切開前に局所麻酔を実施します。会陰裂傷の場合には，裂傷部位を消毒したうえで局所麻酔を行ないます。局所麻酔薬は嘱託医師の指示に従って用いることが必要です。

　通常，助産師の行なう縫合では局所麻酔薬は使用できませんが，できるだけ痛みのない「産婦にやさしい縫合」をめざしているのですから，嘱託医に相談して使用許可を受けてほしいと思います。

●局所麻酔薬の特性

　会陰縫合に用いられる局所麻酔薬には，メピバカイン塩酸塩とリドカイン塩酸塩があります。その特性について説明します。

・メピバカイン塩酸塩（一般名）：使用濃度 0.5〜2.0%

　商品名はカルボカイン注といい，麻酔効果発現時間はややゆっくりで，持続時間が短いのが特徴です。局所麻酔中毒やアナフィラキシーショックの危険性はほとんどありません。しかし，0.5%カルボカイン注をできるだけ少量用いることが肝要です。

・リドカイン塩酸塩（一般名）：使用濃度 0.5〜1.0%

　商品名はキシロカインといい，投与後は肝臓で代謝分解されます。効力はメピバカイン塩酸塩より強く，麻酔薬の浸透性が高く，麻酔効果の発現時間は短く，持続時間はメピバカイン塩酸塩より長いのが特徴です。しかし，キシロカインショックが認められることがあり，その使用には注意が必要です。投与極量は 500 mg です。

図32 局所麻酔の浸潤

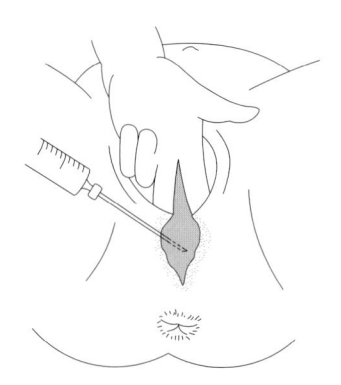

麻酔液の浸潤では皮膚に針を刺さず，傷の内側から針を刺し，真皮下に浸潤する。浸潤を広げるためには針を抜かず，そのまま方向を転換して麻酔液を注入する。これを傷の全周に行なう。

● 実施方法

　会陰裂傷部位をよく観察し，裂傷の形を把握したうえで局所に浸潤麻酔を行ないます。麻酔薬を入れた注射器の針を裂傷側から，まず真皮のところに刺入し，皮下に浸潤します。皮膚表面がやや盛り上がったところで中止し，針先は傷の外まで引き抜かず，その一歩手前で止めて，さらに浸潤されていない部位に向かって方向を変えて刺入し，傷全体に麻酔薬を浸潤させます。深くなった傷では，創底に近い部位にまで浸潤しておくと疼痛回避に有効です。浸潤後，縫合に際して疼痛を訴えた際には，再度局所麻酔の浸潤を追加します（図32）。

　なお，局所麻酔は助産師には行えませんので，局所麻酔が必要なときは医師に実施してもらう必要があります。

運針の方法と糸結び

　さまざまな縫合法を学ぶ前に，まずは運針の方法と糸結びについて習得しましょう。

● 運針の方法

　運針とは「会陰部皮下組織の拾い方」をいいます。

1）縫いしろ

　縫いしろは傷の大きさや形により経験から自分で決めることになりますが，一般的には7mm程度がよいと思います。あまり縫いしろが狭いと縫合後に創部の皮膚面が引きちぎれてしまうことがあります。また，あまり広いと多くの痛点（皮膚表面にある痛みを感じる点）が締めつけられ，疼痛が長く続くことになります。会陰部の裂傷皮膚面を寄せる場合には1

図33 縫いしろの幅と痛み（痛点との関係）

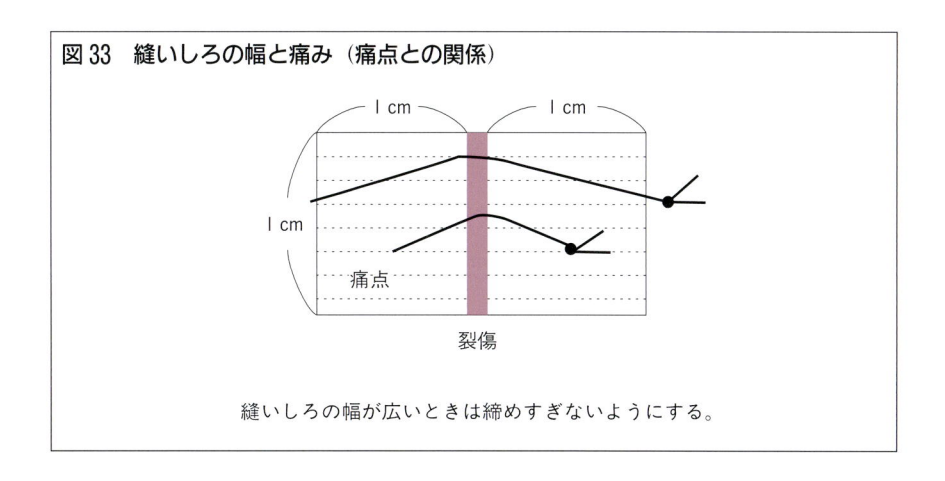

縫いしろの幅が広いときは締めすぎないようにする。

図34 会陰裂傷部の組織の拾い方

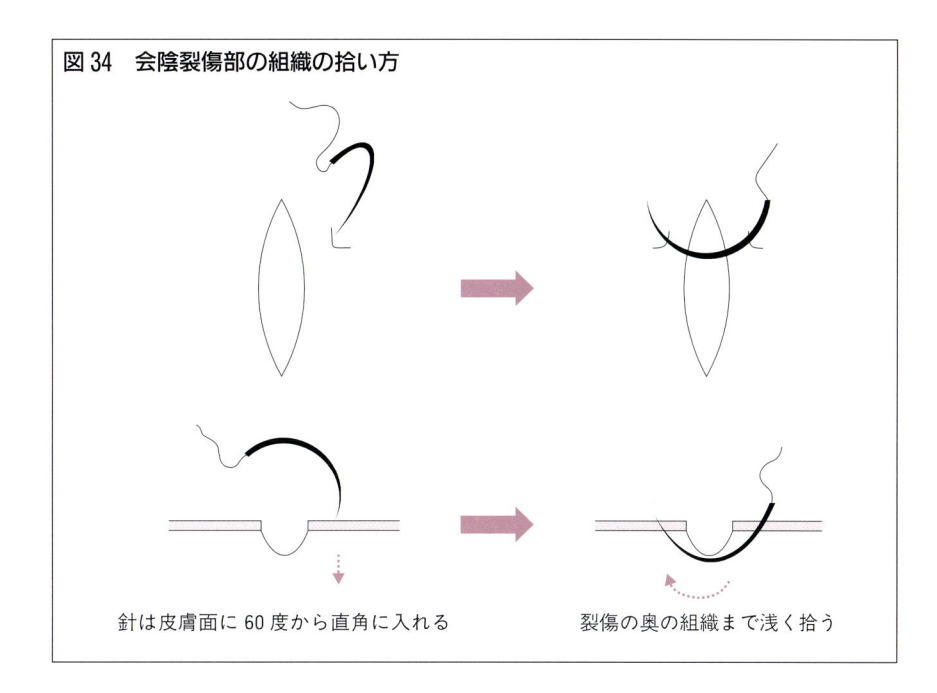

針は皮膚面に60度から直角に入れる　　裂傷の奥の組織まで浅く拾う

cm程度の縫いしろをとったほうが癒合しやすくなります（図33）。

2）皮膚面への針の刺し方（図34）

　針先を皮膚面に対して60〜90度の角度で刺します。創底まで十分に拾うことで死腔の形成を予防できますが，裂傷では創底がはっきりしないことがほとんどなので，おおむね創底に近いところを拾います。死腔をつくらないように針を奥に深く刺入しすぎると，ときに直腸を刺してしまい，直腸腟瘻をつくってしまうことがあるので注意が必要です。ただし，会陰裂傷では直腸漿膜面は奥に落ち込み裂傷組織より遠く離れてしまうので，直腸を針で刺すのではないかという危惧は不要です。しかし，会陰切開した場合は会陰・腟組織と直腸壁は接近していることがあり，切開，縫合に際して細心の注意が必要となります。

3）糸結びの手順

①まずは持針器に針をつけます。

②創部を針ですくいます（図34参照）。針から持針器をはずし，すくった針先を持針器で挟み，針と糸を刺入側の反対側より引き出します。刺入側の糸を10 cmほど残します。

③右手に持針器を持ち，左手で左側の糸の中ほど（刺出部より20 cm程度のところ）を持ちます。刺出部と左手で把持した糸の中ほどの部位の糸の上に，持針器を閉じた状態で位置させます（図35）。

④持針器と左手でつかんだ糸を同時に回すことにより，左手の糸を持針器の下→上→下へと回して，1回目の輪を作ります（図36）。さらにもう一度持針器を回して2回目の輪を作ります（図37）。これで持針器に糸が2巻きされたことになります。これを外科結びと呼んでいます。

⑤その後，二重巻きの糸はそのままで，右側に残した10 cmほどの糸の自由端を持針器の先を開いて挟み，二重の輪から引き抜きます（図38）。

⑥左手に持った糸と持針器の糸を左右に平行に引いて張ります（図39）。これにより「こぶ」ができます。これが結節で，結節を十分に締めると1回目の糸結びが終了です。こぶを作るときに持針器を水平に傾けると輪がスルリと外れ，こぶを作りやすくなります。こぶがゆるみやすいときは，糸を持った左手を右側に移動させてみてください。こぶが強く締まるはずです。

⑦1回の結節では後でほどけてしまうことがあるので，もう一度重ねて結節を作ります。2回目も1回目の③と同じように糸の上に持針器を乗せます（図40）。

⑧持針器を回すことにより，左手の糸で1回輪を作ります（図41）。

⑨1回目と同じく，持針器で糸の自由端を挟み，輪から引き抜きます（図42）。

⑩把持した糸の両端を反対方向に真横に引いて，結節を作ります。これで二重の結節ができました。2回目の結節はほどけないように強く締めます（図43）。

4）結節形成部位

結節は創部の真上にできる場合と傷の端にできる場合があります。いずれの場合でも創部の治癒過程には問題ありません。もしも結節が創部の真上にできるのがいやなときは，初回結節形成に際して，左手に持った糸を右側に返すとこぶは右側に寄って形成されます。この方法は結節のゆるみを防ぐことができます（図44）。

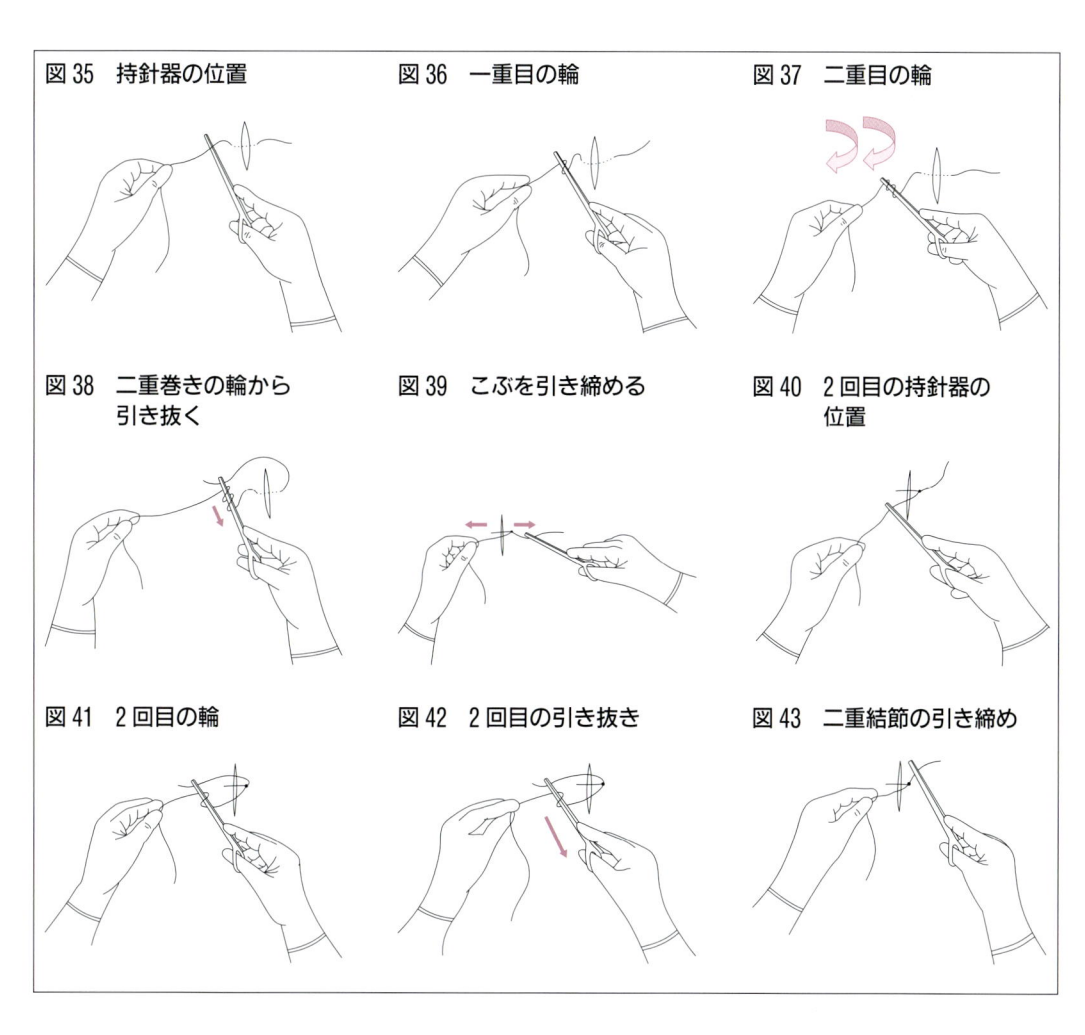

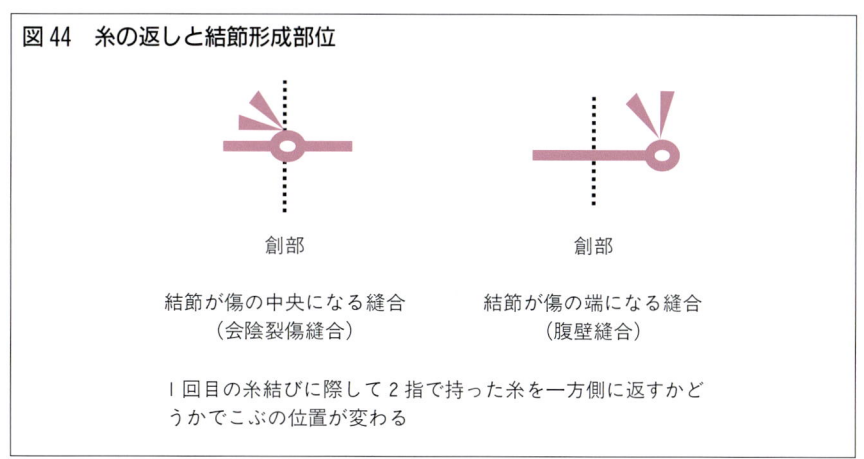

図35 持針器の位置　　図36 一重目の輪　　図37 二重目の輪

図38 二重巻きの輪から引き抜く　　図39 こぶを引き締める　　図40 2回目の持針器の位置

図41 2回目の輪　　図42 2回目の引き抜き　　図43 二重結節の引き締め

図44 糸の返しと結節形成部位

創部　　　　　　　　　　　創部

結節が傷の中央になる縫合　　結節が傷の端になる縫合
（会陰裂傷縫合）　　　　　　（腹壁縫合）

1回目の糸結びに際して2指で持った糸を一方側に返すかどうかでこぶの位置が変わる

5）締め方

　肉に食い込むほど糸を強く締めすぎると局所の虚血を招き，自由神経終末を締めつけることになり，痛みが増強します。また，締めすぎは血行不全をきたし，創部の離開を招くことがあります。両創面が接着する程度に

図45　単純分離結節縫合法

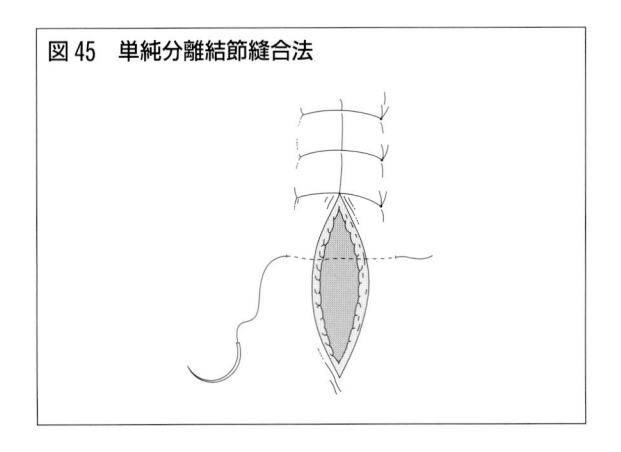

ゆるめに糸を締めることが肝要です。

さまざまな縫合法の実際

●結節縫合

結節縫合といっても多彩な縫合法があります。単純分離結節縫合，Z縫合，垂直マットレス縫合，水平マットレス縫合，8字型マットレス縫合（Shute縫合）などですが，助産師が行なう会陰裂傷縫合では高度なテクニックの縫合法はまったく必要ではなく，単純分離結節縫合とZ縫合をマスターすれば十分です。会陰裂傷が生じた際には垂直マットレス縫合も創部の癒合には役立ちます。

1）単純分離結節縫合（single interrupted suture）

この方法は1針ずつ分離結紮を行なう方法です（図45）。死腔を残さないように縫合することが重要ですが，会陰裂傷では創底がはっきりしないことが多く，死腔にこだわることはありません。むしろ結紮が強すぎると局所の壊死や浮腫をきたすことがあります。会陰裂傷のほとんどはこの結節縫合で止血，癒合できます。

〈縫合の手順〉

①長い傷の場合は創部の外側に血腫を形成させないように，傷口の端よりやや奥に最初の縫合をします。これは，断裂した血管が収縮して創端より外側に移行している部分を結紮するためです（図46）。

②縫いしろは左右同じ幅にすると傷がきれいに癒合します。

③創部からの出血が多いと感じたら，傷の縫いしろを少し多めに（たとえば1cmほど）とって，結紮部位をやや強めに締めると止血できます。

2）Z縫合

これは単純分離結節縫合の変法といえるものです。裂傷部位が深く，明らかに動脈性の出血が認められる場合などにZ縫合をすると驚くほど止

図46 傷口のやや外側から縫合する理由

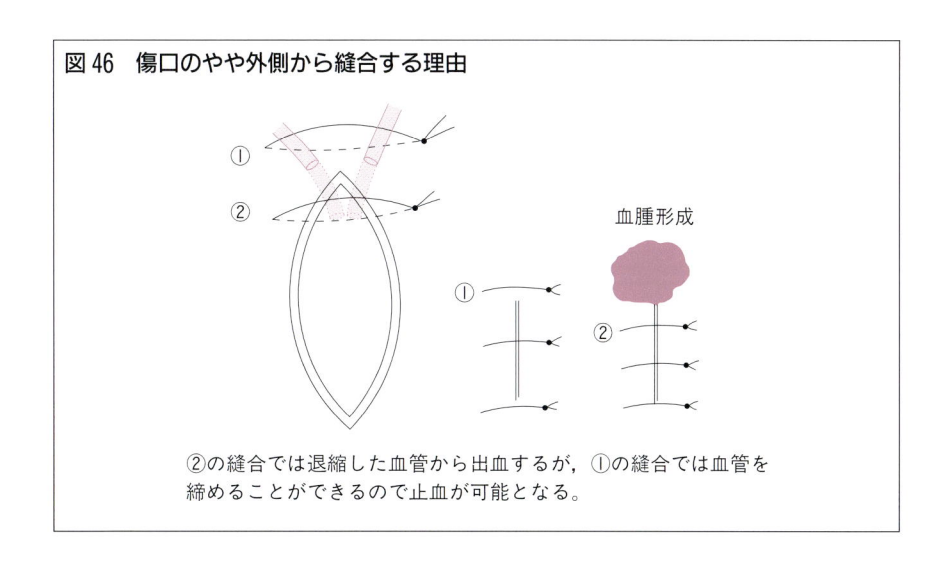

②の縫合では退縮した血管から出血するが，①の縫合では血管を締めることができるので止血が可能となる。

図47 Z縫合（出血部位を結紮するとき）

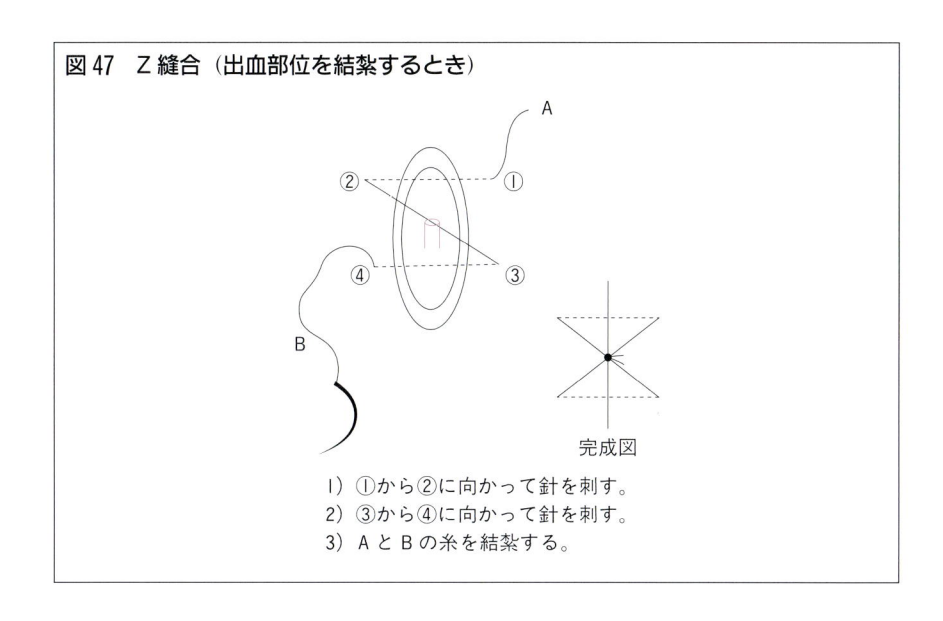

1) ①から②に向かって針を刺す。
2) ③から④に向かって針を刺す。
3) AとBの糸を結紮する。

血できます。このZ縫合が必要な場所は，陰唇小帯の中央内側の深い裂傷です。この深い裂傷は恥骨弓開角狭小骨盤（分娩第2期遷延を招く細長型骨盤）で，児頭が大きく肛門側を回りながら娩出した際にしばしば発生します。ガーゼで強く5～15分程度圧迫しているだけでも止血は可能ですが，後から思わぬ出血が生じたりしないようZ縫合をするほうが安心です。この場所は深く死腔を形成しやすいのですが，無理をして創底を針ですくわなくても大丈夫です（図47）。

3）垂直マットレス縫合

会陰部に縦に深く肛門に向かって裂傷が生じた際に利用します。まず，一側から約1cmの縫いしろで針を皮膚に刺し込みます（図48①）。創底

図48 垂直マットレス縫合

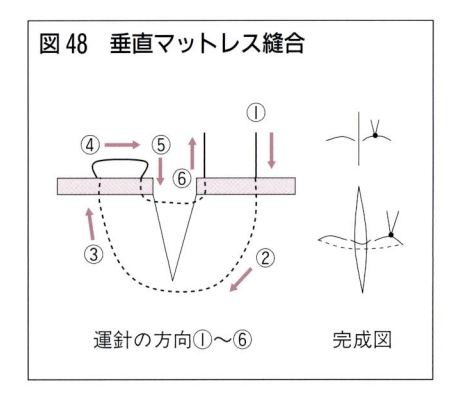

運針の方向①〜⑥　　完成図

図49 垂直マットレス縫合の針の返し

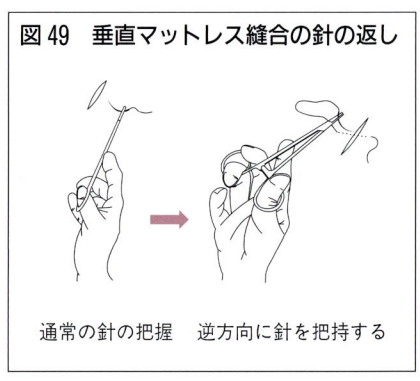

通常の針の把握　　逆方向に針を把持する

図50 単純連続縫合

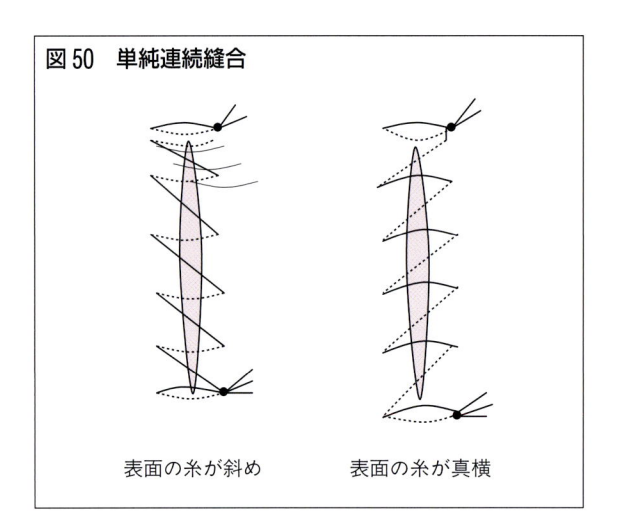

表面の糸が斜め　　表面の糸が真横

部をすくった後（②），反対側の皮膚面に針を出します（③④）。傷から針の刺入，刺出部位までは1cm程度の間隔とします。次に，刺出した針を返して（図49），同じ側の裂傷部位の皮膚面に裂傷より2mm程度外側から真皮まで針を刺し（図48⑤），今度は同じ針で反対側の裂傷部位を真皮側から針を刺し（⑥），皮膚面に2mm程度出します。そして，はじめに刺入した糸の断単端と最後に引き抜いた糸で結節を作ります。これにより創面に段差を作らずにきれいに接合させることができます。

●連続縫合

　連続縫合には単純連続縫合，連続ロック縫合，連続皮内縫合，ミシン目様連続縫合など多彩な方法が考案されています。しかしメスで切開した腹壁を縫合するわけではないので単純連続縫合ができれば十分です。

1）単純連続縫合（simple running suture）

　単純連続縫合に際しては，運針の仕方により傷の表面に出る糸が斜めの場合と真横の場合があります（図50）。いずれの方法でも創面の癒合には変わりがありません。

図51 小陰唇内側〜処女膜痕〜腟粘膜への裂傷
結節縫合　　連続縫合

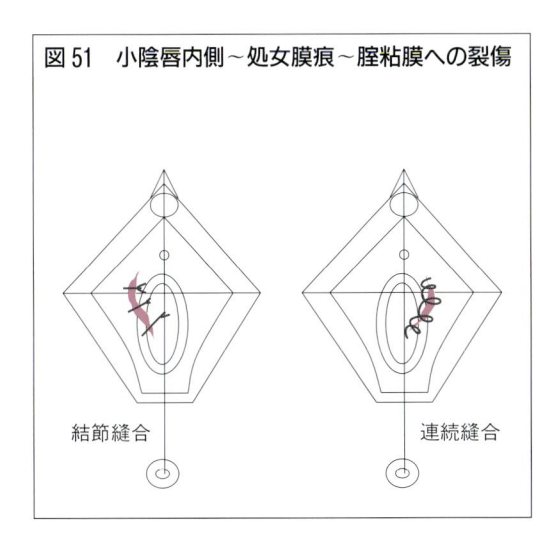

図52 小陰唇内側の浅い裂傷，出血を伴う深い裂傷
縫合しない　　結節縫合　連続縫合
浅い裂傷　　　　深い裂傷

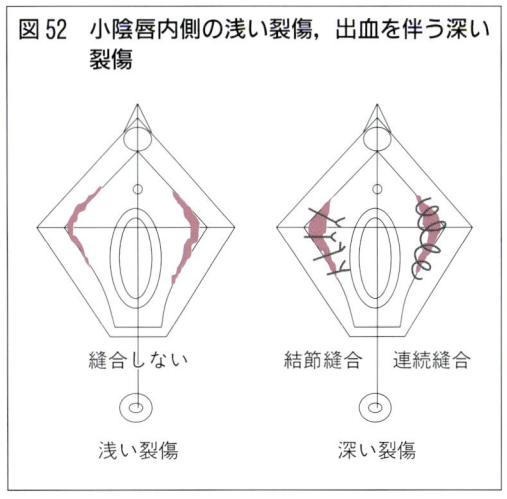

〈縫合の手順〉

①創部の上縁より奥に1回目の結節縫合をします。結節のすぐ下の皮膚面から2回目の針を斜め左下に向かって刺入します。針先を持針器で挟んで針を引き出します。

②引き出した針穴と同じ高さの創部右部位から針を再び刺入し，斜め下方に刺出します。これを繰り返すことにより，縫合糸は創部に直角に真横に並びます。

③断端結紮を行ないます。連続縫合では最後の断端結紮がやや複雑です。結紮する一歩手前の縫い糸を緊張させずに4〜5cmほどゆるめておき，最後の運針で刺出した針糸に持針器で輪を2回作り，ゆるんだ糸のほぼ中央を，輪を作った持針器の先ではさみ牽引します。こうすると縫合部の一方は2本の糸となり反対側は1本の糸ですから，結果的に結節形成後の断端は3本の糸で形成されることになります。

文章で書いても複雑なので，まずは実際に練習してみてください。「百聞は一見にしかず，百見は一験にしかず」ということがよくわかると思います。

応用編

●裂傷の程度と対応

以下の裂傷は各図を参照してください。

・小陰唇内側〜処女膜痕〜腟粘膜への裂傷（**図51**）
・小陰唇内側の浅い裂傷，出血を伴う深い裂傷（**図52**）
・小陰唇外側の浅い皮膚裂傷（**図53**）
・小陰唇の裂傷（断裂）（**図54**）
・陰唇小帯内側の深い裂傷，会陰に及ぶ裂傷（**図55**）

図53 小陰唇外側の浅い皮膚裂傷

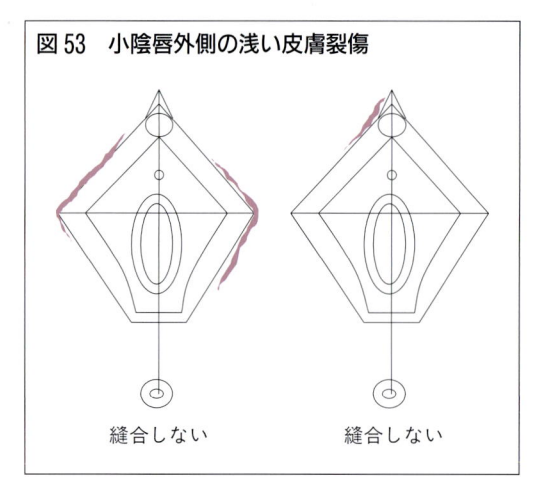

縫合しない　　　縫合しない

図54 小陰唇の裂傷（断裂）

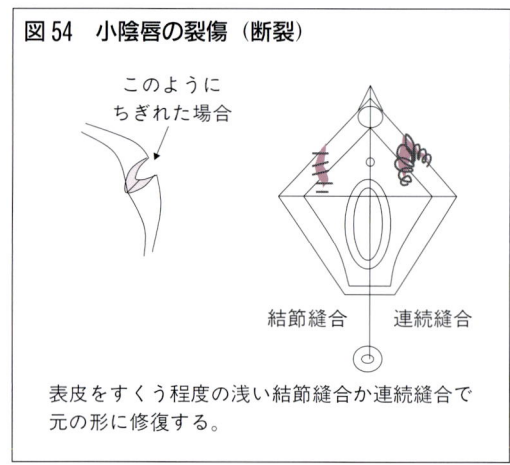

このようにちぎれた場合

結節縫合　　連続縫合

表皮をすくう程度の浅い結節縫合か連続縫合で元の形に修復する。

図55 陰唇小帯内側の深い裂傷・会陰に及ぶ裂傷

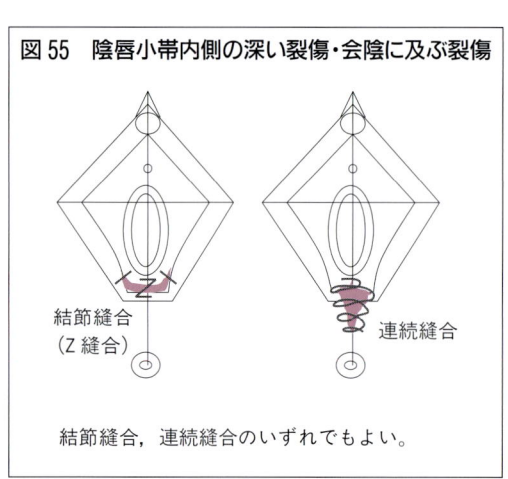

結節縫合（Z縫合）　　連続縫合

結節縫合，連続縫合のいずれでもよい。

　すべての裂傷が縫合の対象ではありません。皮膚，粘膜の表面だけの擦過傷のようなものは，出血がなければ縫合の必要はありません。深い傷で縫合が難しい場合には，ガーゼで5〜10分間圧迫すると止血することがほとんどです。圧迫止血で止まればあえて縫合の必要はありませんが，創部が大きく口を開けているような傷では，両側創面を寄せ癒合しやすくするために出血していなくても縫合しておくとよいでしょう。

●**できるだけ痛くない縫合のコツ**

・絹糸は使わない
・合成吸収性縫合糸を用いる
・できるだけ細い糸と小さめの針を用いる
・縫合時に糸を強く締めすぎない
・抜糸は原則としてしない（つれて痛みを訴える場合には抜糸する）
・局所麻酔をしない場合は，皮膚に直接針を刺さないで縫合すると痛みは少ない（図56）

図56 局所麻酔を使わなくても痛みを避けることができる究極の縫合法

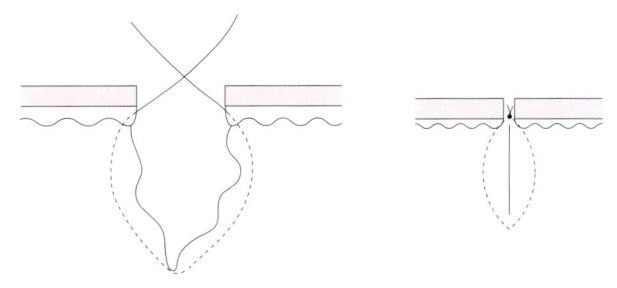

自由神経終末が多く存在する表皮に針を刺さず，真皮下の部位に針を刺入し，縫合する。

特別な縫合法

　第3度，第4度会陰裂傷が生じた場合の縫合法について説明します。助産師がこの縫合を行なう機会はありませんが，どのように縫合するのかを知っておくことも大切です。

第3度会陰裂傷縫合法

　肛門括約筋の断裂が第3度会陰裂傷ですが，肛門括約筋の断裂にはさまざまな形があります。断裂には完全断裂と不全断裂の2種類があります。いずれの場合にも断裂した肛門括約筋の断端を十分に拾い上げて縫合することが必要です。通常は括約筋の片側が退縮して隠れてしまっていることがあります。この場合には鉗子で断端部を挟み引き出します（**図57**）。
〈縫合の実際〉
　肛門括約筋の断端の縫合法にはいくつかの方法があります（図57）。いずれの縫合法でもよいのですが，周囲組織も含めて縫合すると括約筋の回復機能がよいといわれています（**図58**）。

第4度会陰裂傷縫合法

　第4度会陰裂傷とは直腸粘膜まで損傷が及んでしまった場合です。肛門括約筋も断裂し，片側が退縮して奥に引っ込んでしまっていることがほとんどです。
〈縫合の実際〉
①直腸壁を3-0または4-0合成吸収性縫合糸でレンバート（Lembert）
　縫合をします。すべて約5mm間隔の単結節縫合とします（**図59**）。
②さらに第1の縫合面を覆うように両側腱組織を拾います。これも同様に

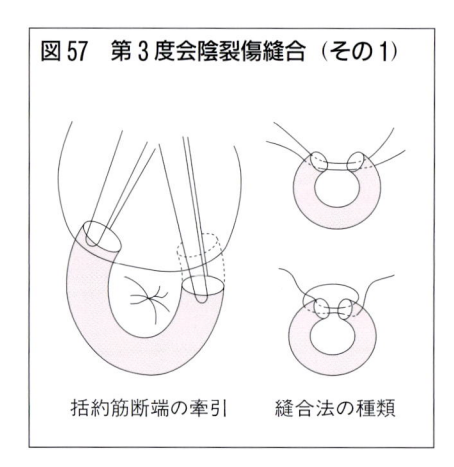

図57 第3度会陰裂傷縫合（その1）
括約筋断端の牽引　縫合法の種類

図58 第3度会陰裂傷縫合（その2）
周囲組織も含めて縫合
肛門

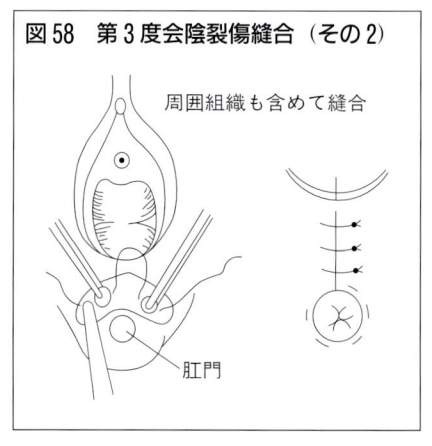

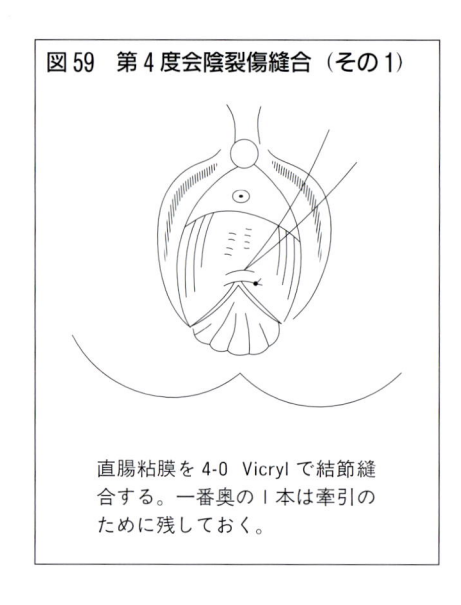

図59 第4度会陰裂傷縫合（その1）
直腸粘膜を4-0 Vicrylで結節縫合する。一番奥の1本は牽引のために残しておく。

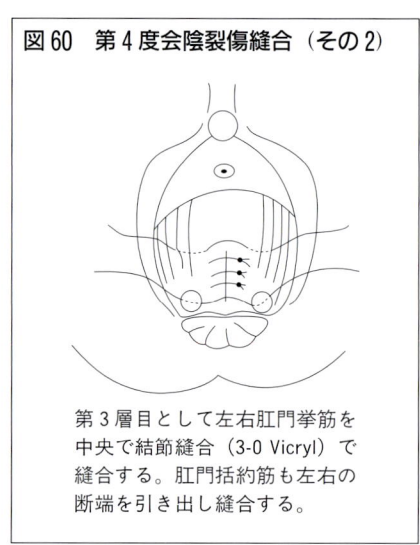

図60 第4度会陰裂傷縫合（その2）
第3層目として左右肛門挙筋を中央で結節縫合（3-0 Vicryl）で縫合する。肛門括約筋も左右の断端を引き出し縫合する。

単結節縫合とします。
③補強の意味でさらに第3層の縫合をして創面を覆います（図60）。
④肛門に1指を挿入し，直腸壁の縫合不全がないかどうか確認します。
⑤肛門括約筋の両断端を挟み，引き出し，縫合します。このとき再度肛門に1指を挿入し，肛門括約筋を締めすぎていないかどうか確認します。
⑥会陰皮膚を縫合し終了です。
⑦術後3～4日は低残渣食とし，さらに排便させないようにアヘンチンキなどを投与します。抗生物質の投与は必ず行ないます。

会陰切開と会陰裂傷の予後の比較

　会陰切開では会陰および腟に分布する比較的太い動脈，静脈，神経を切断してしまいます。しかし，会陰裂傷では結合組織は断裂するものの組織

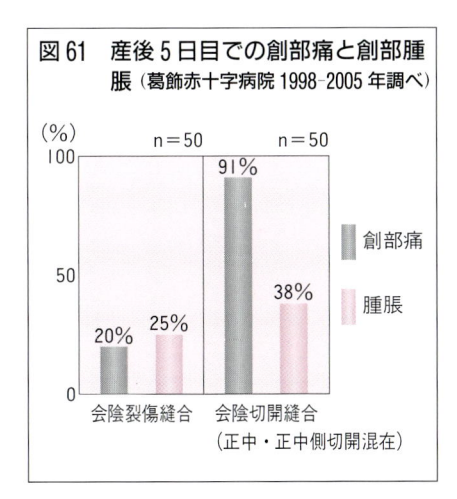

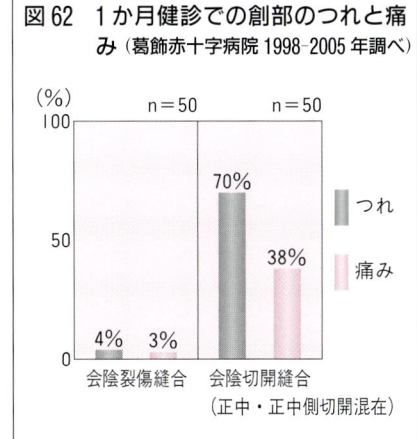

図61　産後5日目での創部痛と創部腫脹（葛飾赤十字病院 1998-2005年調べ）

会陰裂傷縫合: 創部痛 20%, 腫脹 25%
会陰切開縫合（正中・正中側切開混在）: 創部痛 91%, 腫脹 38%
n=50

図62　1か月健診での創部のつれと痛み（葛飾赤十字病院 1998-2005年調べ）

会陰裂傷縫合: つれ 4%, 痛み 3%
会陰切開縫合（正中・正中側切開混在）: つれ 70%, 痛み 38%
n=50

が違い，また牽引に強い動脈，静脈，神経は創面から離れていくため切断されることはありません。そのため縫合後の予後は切開と裂傷では大きな差になってあらわれてきます。創部の疼痛と腫脹を比較してもその違いは顕著です（図61，62）。

■参考文献
1) Labreque M, et al: Prevention of perineal trauma by perineal massage during pregnancy. A pilot study. Birth, 21: 20-25, 1994.
2) Labreque M, Eason E, et al: Randomized controlled trial of prevention of perineal trauma by perineal massage during pregnancy. Am J Obstet Gynecol, 180: 593-600, 1999.
3) Caroci A, et al: A comparison of "hands off" versus "hands on" techniques for decreasing perineal lacerations during birth. J Midwifery & Women's Health, 51(2): 106-111, 2006.
4) Gupta JK, Hofmeyr GJ, Smyth RMD: Position in the second stage of labour for women without epidural anesthesia (Review). John Wiley & Sons, 2009.
5) 進純郎：分娩介助学．医学書院，249-265，2005．
6) Beckman MM, Garrett AJ: Antenatal perineal massage for reducing perineal trauma. Cochrane Database Syst Reviw, 2006.
7) Carroli G, Mignini L: Episiotomy for vaginal birth. Cochrane Database Syst Reviw, 2009.

おわりに

　さあ，本書を読んでくださった助産師さんたちは，私でも十分自然なお産ができると自信を持つことができたのではないでしょうか。

　今でも多くの産科医は，医療の介入しない院内助産所や助産院でのお産は安全を担保できないからと，それらの施設のお産に眉をしかめます。でも，それは大きな誤りです。「安全」とは医療との連携であり，搬送システムを確立すれば助産師主導のバースセンターでも十分対応できるのです。

　助産師と産婦人科医間の自律性の尊重と協働，情報の共有，搬送システムの整備などによって出産に伴う危険を回避することができるはずです。大病院への分娩の集約化がよいお産につながるわけではないのです。

　WHOは自然なお産に関わる59か条（1996）を提示しています。そこでは，出産場所は「Providing care in labour and delivery at the most peripheral level where the feasible and safe and where the woman feels safe and confident」と記載されています。これは，産む女性が安全で信頼できると感じたならば，お産は最も末端の施設で行なうことを提唱するということを示しているのです。

　老人医療においては在宅看護が当たり前の時代になっています。自然で生理的で最も社会文化的な出産行為は，家族みなが見守る「自宅」で行なわれることが最も理想です。でも，それが医療従事者や国民に十分膾炙されていないのであれば，妊婦さんたちは助産師さん主導の施設を探して，ぜひ「自然なお産」にチャレンジしてほしいと希求します。

　助産外来，院内助産と続く助産師主導の「自然なお産」を通して，産む女性が自らの内に秘めた力に目覚め，自信を持って育児行動に移っていくことができる時代の到来を心待ちにしています。

　全国の助産師さんたちが勇気と自信と情熱を持って，素晴らしい助産の遂行に取り組むことができますことを祈念します。

進　純　郎

索 引

数字・ギリシャ
2時間ルール　61
βエンドルフィン　2,4,17

欧文
AFD　73
AFI　66
BPD　80
BTB　66
CPD　42
CRL　79
dysmature infant　74
FGR　73,76
Gスポット　4
GBS　68
MAS　64,71
MVP　66
PGE_2　3
$PGF_{2α}$　3
PPROM　64
PSP法　66
Z縫合　120

あ
あえぎ呼吸　70
足浴　22
アドレナリン　2,4
アロマオイル　24
アロマセラピー　24

い
いきみ　27,93
痛くない縫合のコツ　124
痛みを感じる経路　13

え
会陰切開　87,104,110
　──の厳格な適応　111
会陰切開法　111
会陰の解剖　106
会陰のマッサージ　25
会陰保護　28,92
会陰保護技術　96
会陰裂傷　95,109
　──の成因　95,109
　──の分類　109
会陰裂傷縫合　104
　──の実際　112
エンドルフィン・ハイ　4,93

お
黄疸　85

オキシトシン　2,3
お産椅子　38
お産の体位　5
恐れ・緊張・痛み症候群　17
夫立ち会い出産　20
温罨法　21

か
外陰　106
回旋異常　42,63
過換気症候群　93
過期産　72
　──の分娩管理法　81
過期産児　73
過期産児症候群　74
過熟徴候　73
加速期　44
家族立ち会い出産　20
活動期　44
活動期遷延　43,52,55
下半身浴　22
感染徴候　68

き
仰臥位　5,8
　──分娩　37
　──分娩の会陰保護技術　96
局所麻酔法　115
局所麻酔薬　115
巨大児　73

く・け
クスコ診　65
頸管開大と分娩所要時間の関係　44
頸管強靱　42
頸管難産　60
ゲートコントロール理論　13
血管確保　11
結節縫合　120
肩甲難産　10,79
減速期　44
原発性開大停止　43
原発性微弱陣痛　43,57,58

こ
高位破水　66
後方後頭位　61
硬膜外麻酔　16
呼吸法　27
骨盤底筋群　106
コンニャク湿布　21

さ
坐位　5,7
臍帯圧迫　76
最大傾斜期　44
鎖骨骨折　79
三陰交　22,49
産後肺塞栓症　11
産瘤形成　56

し
指圧　24
子宮機能不全　48
子宮収縮不良　42
持針器　112
膝位　5
膝肘位　5,8
児頭骨盤不均衡　42
絨毛膜羊膜炎　70
消毒薬　112
上腕神経麻痺　79
人工破膜　31
陣痛　12

す
垂直マットレス縫合　121
スクワット　5,7
　──の会陰保護技術　102
鈴木-堀内分娩曲線　90

せ
積極的管理分娩　32
摂子　114
遷延一過性徐脈　68,76
遷延開大　43
遷延分娩　42
前期破水　64
潜伏期　44
潜伏期遷延　43,50

そ
早産期の前期破水　64
側臥位　5,8
　──分娩の会陰保護技術　99
続発性開大停止　43,54,56
蹲踞位　5,7
　──分娩の会陰保護技術　102

た
第1度裂傷　28
第2度裂傷　28
第3度裂傷　28,126

第4度裂傷　28, 126
体幹水平位　5
体幹直立位　5
胎児アスフィキシア　50, 78
胎児感染徴候　68
胎児機能不全　48, 70
胎児発育遅延　73
胎児頻脈　70
胎便　69
胎便吸引症候群　64, 71
胎胞　30
多血症　84
立ち産　6
単純分離結節縫合　120
単純連続縫合　122

ち・つ
恥骨弓開角狭小骨盤　95
跳躍波　76
跳躍パターン　68
墜落産　95

て
低位破水　66
低カルシウム血症　85
低血糖　84
低体温　83
テレメーター方式　9
点滴　10

と
努責　27
ドライブ・アングル　11

な
内診　29

軟産道難産　62

に・ね
乳頭刺激　83
粘稠性の胎便　76

は
バースレビュー　63
はさみ　113
破水　64
　──の診断　65
破膜　30
張り返し　58
バルサルバ法　28
半臥位　6

ひ・ふ
微弱陣痛　42
腹臥位　6
フリードマン曲線　44, 46
プロスタグランジン　2, 3
ブロムチモールブルー　66
分娩監視装置　9
分娩所要時間と頸管開大の関係　44
分娩損傷　79
分娩第1期　14
　──の痛み　14
分娩第2期　14
　──の痛み　15
　──の中休み　92
分娩第2期遷延　61
分娩第3期　14
　──の痛み　15
分娩停止　54, 59
分娩の3要素　2, 46

分娩誘発　67
　──と待機　80

へ・ほ
変動一過性徐脈　68, 76
縫合糸　114

ま
マックロバーツの体位　10
マッサージ　24

む
無呼吸発作　85
蒸しタオル温熱療法　22
無痛分娩　16

ゆ・よ
湯たんぽ温熱療法　22
用指鈍性頸管拡張術　29, 54, 55
羊水過少　64, 68, 76
羊水混濁　64, 69
羊水指数　66
羊水ポケット　66
四つん這い　5, 8
　──分娩の会陰保護技術　100
予定日超過産　72

ら
卵膜剝離　30
卵膜用指剝離　54

り・れ
リスク　32
立位　5, 6
連続縫合　122